SAMMLUNG GÖSCHEN BAND 436/436a

ALGEBRAISCHE KURVEN UND FLÄCHEN

von

DR. PHIL. WERNER BURAU
apl. Prof. an der Universität Hamburg

BAND II

ALGEBRAISCHE FLÄCHEN 3. GRADES UND RAUMKURVEN 3. UND 4. GRADES

Mit 17 Abbildungen

WALTER DE GRUYTER & CO.
vormals G. J. Göschen'sche Verlagshandlung · J. Guttentag, Verlagsbuchhandlung · Georg Reimer · Karl J. Trübner · Veit & Comp.
BERLIN 1962

Die Gesamtdarstellung umfaßt folgende Bände:

Band I: Algebraische Kurven der Ebene
(Sammlung Göschen Bd. 435)

Band II: Algebraische Flächen 3. Grades und Raumkurven 3. und 4. Grades
(Sammlung Göschen Bd. 436/436a)

Die Bilder und Beispiele hat freundlicherweise Herr Oberstudiendirektor Dr. Arnold Baur, Lübeck, zur Verfügung gestellt.

 — Archiv-Nr. 7713629. — Satz und Druck: Walter de Gruyter & Co., Berlin W 30. — Printed in Germany.

Inhaltsverzeichnis

Kapitel II. Algebraische Raumkurven

Literaturverzeichnis

Baker, Principles of geometry, vol. VI, Cambridge 1933
Basset, Geometry of surfaces, Cambridge 1911

Conforto, Le superficie razionali, Bologna 1939
Cremona, Grundzüge einer allgemeinen Theorie der Oberflächen in synthetischer Behandlung (übers. von Curtze), Berlin 1870

Enriques, Lezioni sulla teoria delle superficie algebriche, Padova 1932

Godeaux, Géométrie algébrique I, II, Liège 1948—49
Gröbner, Moderne algebraische Geometrie, Wien-Innsbruck 1949

Herting, Über die gestaltlichen Verhältnisse der Flächen 3. Ordnung I, II, Augsburg 1887—88

Jung, Algebraische Flächen, Hannover 1925

Picard-Simart, Théories des fonctions algébriques de deux variables indépendantes, 2 vol., Paris 1897—1906

Salmon-Fiedler, Analytische Geometrie des Raumes II (Analytische Geometrie der Kurven im Raume und der algebraischen Flächen), 3. Aufl., Leipzig 1880
Severi, Vorlesungen über algebraische Geometrie (übers. von Löffler), Leipzig 1921
Severi, Conferenze di geometria algebrica, Roma 1928

Staude, Anal. Geom. d. kub. Kegelschnitte, Leipzig und Berlin 1913

Wood, The twisted cubic, Cambridge 1913

Zariski, Algebraic surfaces (= Ergebnisse der Math. Bd. 3), Berlin 1935

Außerdem folgende Artikel aus Sammelwerken:

Berzolari, Allgemeine Theorie der algebraischen Flächen, Pasc. Rep. d. Höheren Math. 2. Bd., Kap. 30—32
Berzolari, Flächen 3. Ordnung, Pasc. Rep. d. Höheren Math. 2. Bd., Kap. 34

Castelnuovo-Enriques, Grundeigenschaften algebraischer Flächen, Enz. d. Math. Wiss. III C 6 a

Meyer, Flächen 3. Ordnung, Enz. d. Math. Wiss. III C 9

Rohn-Berzolari, Algebraische Raumkurven und abwickelbare Flächen, Enz. d. Math. Wiss. III_2 10

Staude, Die Raumkurven 3. und 4. Ordnung, Pasc. Rep. d. Höheren Math. 2. Bd., Kap. 29

Einleitung

Der vorliegende Band soll einiges Wichtige aus der Theorie der algebraischen Flächen 3. Ordnung, sowie der Raumkurven bis zur 4. Ordnung bringen. Sein Inhalt schließt sich daher an den Stoff von Band 1 (Ebene algebraische Kurven, Sa. Gö. 435) an, ist jedoch weitgehend unabhängig davon lesbar. Wegen der grundlegenden Voraussetzungen sei auf die dortige Einleitung verwiesen. Einige weitergehende, für die Theorie der Raumkurven benötigten algebraischen Begriffe finden sich in § 15 des vorliegenden Bandes zusammengestellt. In dieser Einleitung sei noch einiges aus der Geometrie vorangestellt, was später benötigt wird.

A. Involutionen und Korrespondenzen zwischen Geraden

Sind (x_0, x_1) projektive Koordinaten auf einer Geraden X_1, so nennt man bekanntlich Involution die Gesamtheit derjenigen Punktepaare auf X_1, deren Koordinaten die Beziehung

$$(1) \qquad F \equiv (y_0 a_{00} + y_1 b_{00}) x_0^2 + 2(y_0 a_{01} + y_1 b_{01}) x_0 x_1 + (y_0 a_{11} + y_1 b_{11}) x_1^2 = 0$$

bei jeweils nicht durchweg verschwindenden festen (a_{ij}) und (b_{ij}) und $(y_0, y_1) \neq (0,0)$ erfüllen. Wir fassen (y_0, y_1) als Koordinaten einer zweiten Geraden Y_1 auf und sagen: Durch (1) wird eine (2,1)-Korrespondenz $\varkappa$ zwischen den Punkten von X_1 und Y_1 definiert. Dabei korrespondiert das Paar von Punkten

$$(X_0, Y_0) \text{ mit } X_0 < X_1, \ Y_0 < Y_1$$

zueinander, wenn ihre Koordinaten (1) erfüllen. Im allgemeinen werden 2 Punkte auf X_1 zu je einem Punkt $Y_0 < Y_1$

korrespondieren, und die Gesamtheit der so erklärten Paare auf X_1 definiert die Involution. Die Punkte eines Paares derselben fallen genau dann zusammen, wenn für die entsprechenden Punkte $Y_0 < Y_1$ gilt:

$$(2) \qquad (a_{01}y_0 + b_{01}y_1)^2 - (a_{00}y_0 + b_{00}y_1)(a_{11}y_0 + b_{11}y_1) = 0.$$

Man spricht von einer regulären Korrespondenz und zugehöriger Involution auf X_1, wenn die linke Seite von (2) nicht identisch in den y_i verschwindet und 2 verschiedene Wurzeln hat, d. h. wenn

$$(3) \qquad D = (a_{01}^2 - a_{00}a_{11})(b_{01}^2 - b_{00}b_{11}) - (a_{01}b_{01} - a_{00}b_{11} - a_{11}b_{00})^2 \neq 0$$

gilt. Der reguläre Fall liege vor, und wir wählen auf Y_1 solche Koordinaten, daß (2) die Wurzeln (1,0) und (0,1) hat und auf X_1 solche, daß die entsprechenden sog. Doppelpunkte der Involution zu (1,0) und (0,1) werden. Dann hat (1) die Gestalt:

$$(4) \qquad \alpha x_0^2 y_0 + \beta x_1^2 y_1 = 0 \qquad (\alpha \neq 0, \ \beta \neq 0).$$

Durch weitere Normierung, d. h. geeignete Wahl des Einheitspunktes auf Y_1 ergibt sich:

Satz 1. Alle regulären (2,1)-Korrespondenzen zwischen den Geraden X_1 und Y_1 können in geeigneten Koordinaten durch:

$$(5) \qquad x_0^2 y_0 - x_1^2 y_1 = 0$$

beschrieben werden.

Der Ausdruck D in (3) ist nun, wie man leicht ausrechnet, gleichzeitig die Resultante der Polynome

$$A \equiv a_{00}x_0^2 + 2a_{01}x_0x_1 + a_{11}x_1^2,$$
$$B \equiv b_{00}x_0^2 + 2b_{01}x_0x_1 + b_{11}x_1^2.$$

Das Verschwinden von D ist also gleichwertig damit, daß A und B einen Faktor $\alpha x_0 + \beta x_1$ gemein haben, den dann auch die Form F in (1) abspaltet; das heißt bei $D = 0$ ist F nicht irreduzibel. Zerfällt umgekehrt F im komplexen Zahlkörper K, so muß F notwendig das Produkt einer Form $\alpha x_0 + \beta x_1$ mit einer Bilinearform f sein. Je nachdem, ob f irreduzibel ist oder auch zerfällt, haben wir die Möglichkeiten:

a) $$F \equiv (\alpha x_0 + \beta x_1)(c_{00}x_0y_0 + c_{01}x_0y_1 + c_{10}x_1y_0 + c_{11}x_1y_1)$$
$$\text{mit } c_{00}c_{11} - c_{01}c_{10} \neq 0,$$

b) $$F \equiv (c_{00}x_{01}^2 + 2c_{01}\,x_0x_1 + c_{11}x_1^2)\,(d_0y_0 + d_1y_1),$$

wobei in b) noch die Unterfälle:

b′) $c_{00}c_{11} - c_{01}^2 \neq 0,$ b″) $c_{00}c_{11} - c_{01}^2 = 0$

zu unterscheiden sind. Im Fall a) wird durch Nullsetzen des zweiten Faktors eine reguläre Kollineation ϱ zwischen X_1 und Y_1 beschrieben. Wir wählen die Koordinaten so, daß ϱ durch $x_0y_0 - x_1y_1 = 0$ definiert wird und x_0 der Linearfaktor von F ist. Dies ergibt im Fall a) folgende Normalform von F:

(6) $$F = x_0(x_0y_0 - x_1y_1).$$

Ebenso ergeben sich in den Fällen b′) und b″) für F die Normalformen:

(7′) $$F = x_0x_1y_0,$$ (7″) $$F = x_0^2y_0.$$

Wir haben somit als Ergänzung von Satz 1 den

Satz 2. Es gibt 3 Typen nicht-regulärer (2,1)-Korrespondenzen zwischen den Geraden X_1 und Y_1. Diese werden in geeigneten Koordinaten je auf X_1 und Y_1 durch Nullsetzen einer der 3 Formen (6), (7′) oder (7″) beschrieben.

Der Begriff der (2,1)-Korrespondenz zwischen X_1 und Y_1 verallgemeinert sich unmittelbar zu dem der (p, q)-Korrespondenz, indem man für F eine Form nimmt, die in den x_i und y_i je vom Grade p und q ist. Diese sog. doppeltbinären Formen und dadurch definierten (p, q)-Korrespondenzen sind besonders für das Studium algebraischer Kurven auf Quadriken wichtig. Weitere Einzelheiten darüber enthält der § 20.

B. Realitätstypen von Ebenen und Geraden des komplexen P_3

Im vorliegenden Band sollen nur geometrische Gebilde betrachtet werden, die dem kompexen projektiven Raum P_3 angehören. Führt man in diesem P_3 projektive Koordinaten ein, so ist damit von selber erklärt, was konjugiert komplexe Punkte $\overline{P}_0$, P_0 sind. Die Koordinaten von $\overline{P}_0$ sind konjugiert komplex zu denen von P_0. Damit haben die Begriffe „konjugiert komplexe Ebenen und Geraden" einen Sinn. Je nachdem, ob für die Ebene P_2

$$P_2 = \overline{P}_2 \text{ oder } P_2 \cap \overline{P}_2 = P_1$$

gilt, heißt P_2 reell oder komplex. Unter den Geraden P_1 sind jedoch 3 Sorten ihrem Realitätsverhalten nach zu unterscheiden:

a) Reelle Geraden mit $P_1 = \overline{P}_1$,

b) Niederimaginäre Geraden mit einem reellen Punkt $P_0 = P_1 \cap \overline{P}_1$,

c) Hochimaginäre Geraden mit $P_3 = P_1 \cup \overline{P}_1$,

die keinen reellen Punkt besitzen.

C. Nullkorrelationen und Polaritäten des P_3

Durch Nullsetzen einer Bilinearform:

$$\sum_{i,j=0}^{3} a_{ij} x_i y_j = 0 \tag{1}$$

definiert man eine lineare Punktkorrespondenz des P_3. Dabei korrespondieren Punkte, deren Koordinaten (1) erfüllen. Im regulären Fall, d. h. wenn die Determinante der Matrix (a_{ij}) nicht verschwindet, liegen die zu einem Punkt $P_0 < P_3$ korrespondierenden Punkte auf einer Ebene P_2'. Die Beziehung zwischen P_0 und P_2' ist dann eine reguläre Korrelation. Diese ist genau dann involutorisch, wenn die Matrix (a_{ij}) entweder symmetrisch oder schiefsymmetrisch ist. Im ersten Fall bilden die mit sich selber korrespondierenden Punkte eine Quadrik Q_2, von der als algebraische Fläche in § 1 sowie im folgenden Abschnitt D noch die Rede sein wird. Im schiefsymmetrischen Fall korrespondiert jeder Punkt des P_3 mit sich selber, und man spricht von einer sog. Nullkorrelation[1]).

D. Einiges aus der Liniengeometrie des P_3

Sind $A_0(a_0, a_1, a_2, a_3)$ und $B_0\ (b_0, b_1, b_2, b_3)$ zwei verschiedene Punkte des P_3, so nennt man die aus der Matrix

$$\begin{pmatrix} a_0, & a_1, & a_2, & a_3 \\ b_0, & b_1, & b_2, & b_3 \end{pmatrix}$$

gebildeten 6 Determinanten

$$p_{ij} = \begin{bmatrix} a_i, & a_j \\ b_i, & b_j \end{bmatrix} \quad (0 \leqq i < j \leqq 3) \tag{9}$$

die Plückerschen Geradenkoordinaten der Verbindung $P_1 = A_0 \cup B_0$. Diese Koordinaten p_{ij} erweisen sich als unabhängig von der Art, wie P_1 durch 2 Punkte aufgespannt wird. Es gilt die Beziehung

$$p_{01}p_{23} + p_{03}p_{12} - p_{02}p_{13} = 0, \tag{10}$$

und man kann umgekehrt zeigen, daß jedes System von 6 nicht durchweg verschwindenden Zahlen p_{ij}, welche (10) erfüllen, Koordinaten einer Geraden des P_3 sind (vgl.[1]) Kap. 66). Man faßt nun die Größen

$$(p_{01}, p_{02}, p_{03}, p_{12}, p_{13}, p_{23}) \tag{11}$$

zweckmäßig als Koordinaten eines Punktes P_0 im projektiven Raum P_5 von 5 Dimensionen auf und definiert durch (10) innerhalb dieses P_5 die Punkte der sog. Plückerquadrik Q_4. Die Liniengeometrie des P_3, bei der die Gerade das Grundelement ist, wird somit gleichwertig zur Geometrie der Punkte auf dieser Q_4.

---

[1]) Vgl. W. Burau, Mehrdimensionale projektive u. höhere Geometrie, Berlin 1961.

Wir benötigen von den hiermit angerührten mehrdimensionalen Dingen im vorliegenden Band für Satz 3 nur die einfache Tatsache, daß durch

$$p_{01} = p_{23} = 0$$

ein $P_3 < P_5$ definiert wird, der die Plückersche Q_4 in einer regulären Quadrik Q_2 schneidet.

Satz 3. Gegeben seien die beiden windschiefen Geraden a_1, b_1 des P_3. Dann wird die Gesamtheit $L^{a,b}$ aller gleichzeitig a_1 und b_1 schneidenden Geraden auf die der Punkte einer regulären Quadrik $Q_2 < Q_4$ abgebildet.

Beweis: a_1 und b_1 mögen in geeigneten Koordinaten durch

$$a_1(x_2 = x_3 = 0),\ b_1(x_0 = x_1 = 0) \tag{12}$$

definiert sein. Die Koordinaten einer a_1 und b_1 betreffenden Geraden P_1 ergeben sich dann aus der Matrix

$$\begin{pmatrix} u_0, & u_1, & 0, & 0 \\ 0, & 0, & v_0, & v_1 \end{pmatrix} \tag{13}$$

zu

$$p_{01} = p_{23} = 0,\ p_{02} = u_0 v_0,\ p_{03} = u_0 v_1,\ p_{12} = u_1 v_0,\ p_{13} = u_1 v_1, \tag{14}$$

wobei die (u_0, u_1) und (v_0, v_1) beliebige Paare nicht gleichzeitig verschwindender Zahlen sind. (14) ist aber die Parameterdarstellung einer regulären $Q_2^{a,b}$, die sich als Schnitt von Q_4 mit dem durch $p_{01} = p_{23} = 0$ definierten P_3 ergibt.

Man nennt die soeben erklärte Gesamtheit $L^{a,b}$ von Geraden des P_3 auch allgemeine lineare Kongruenz. Eine wesentliche Eigenschaft von $L^{a,b}$ ist folgende: Durch jeden weder auf a_1 noch auf b_1 liegenden Punkt geht genau eine Gerade von $L^{a,b}$ und dual dazu: In jeder Ebene, die weder a_1 noch b_1 enthält, liegt genau eine Gerade von $L^{a,b}$.

Hieraus ergibt sich sofort der

Satz 4. Gegeben seien die allgemeine lineare Geradenkongruenz $L^{a,b}$ sowie die weder durch a_1 noch b_1 gehende Ebene C_2' mit

(15) $$C_2' \cap a_1 = C_0^a,\ C_2' \cap b_1 = C_0^b,\ C_1' = C_0^a \cup C_0^b.$$

Ordnet man Punkte $P_0' < C_2'$ und Geraden $P_1 < L^{a,b}$ dann einander zu, wenn sie inzidieren, so ergibt das eine im allgemeinen eineindeutige Beziehung π zwischen den $P_0' < C_2'$ und $P_1 < L^{a,b}$ mit folgenden Ausnahmen: 1. Jeder Punkt von C_1' ist C_1 zugeordnet, 2. C_0^a und C_0^b sind je allen ∞^1 Kongruenzgeraden durch C_0^a und C_0^b zugeordnet.

Zur rechnerischen Erfassung dieser Abbildung π nehmen wir an, a_1 und b_1 seien durch (12) und b_2' durch

(16) $$x_3 - x_0 = 0$$

beschrieben. Die Ausnahmegerade $C_1' < C_2'$ hat dann die Gleichungen

(17) $$x_3 = x_0 = 0$$

und damit die Geradenkoordinaten

(18) $$p_{12} = 1, \text{ alle anderen } p_{ij} = 0.$$

Der Punkt $P_0' < C_2'$ habe die Koordinaten

(19) $$P_0'(x_0, x_1, x_2, x_0)$$

mit nicht gleichzeitig verschwindenden x_0, x_1 und x_0, x_2, d. h. es sei $P_0' \notin a_1$, $P_0' \notin b_1$. Dann errechnen sich die Plückerkoordinaten p_{ij} der P_0 enthaltenden Geraden $P_1 < L^{a,b}$ zu

(20) $$p_{01} = p_{23} = 0,\ p_{02} = x_0 x_2,\ p_{03} = x_0^2,$$
$$p_{12} = x_1 x_2,\ p_{13} = x_0 x_1.$$

Durch (20) wird aber auch die Projektion der Quadrik $Q_2^{a,b}$ des Satzes 3 aus dem Punkt mit den Koordinaten (18) auf eine diesen Punkt nicht enthaltende Ebene beschrieben, wie man sofort ausrechnet. Von dieser sog. stereographischen Projektion wird noch in § 1 die Rede sein.

Kap. 1. Algebraische Flächen 2. und 3. Grades

§ 1. Grundeigenschaften der Quadriken des P_3 vom Standpunkt der algebraischen Geometrie

Nächst den Ebenen sind die Quadriken die einfachsten algebraischen Flächen des P_3. Sie finden sich in vielen Lehrbüchern der analytischen Geometrie behandelt (vgl. z. B. Grotemeyer, Sa. Gö. 65/65a). Wir brauchen im folgenden daher nur kurz das zusammenzustellen, was von den Eigenschaften der Quadriken im Hinblick auf spätere Verallgemeinerungen von Wichtigkeit ist. Quadriken sollen dabei mit Q_2 bezeichnet werden. Ihre Gleichung in allgemeinen projektiven Koordinaten laute:

$$\sum_{i,j=0}^{3} a_{ij} x_i x_j = 0 . \tag{1}$$

Wir heben folgende Punkte aus der Quadrikenlehre besonders heraus:

1. Die einzige komplex-projektive Invariante der Quadriken ist der Rang der Matrix (a_{ij}) in (1). Ist dieser Rang 4, so besitzt Q_2 keine singulären Punkte. Dann hat jeder Punkt von Q_2 eine Tangentialebene. Die Beziehung jedes Punktes $P_0 < Q_2$ auf seine Tangentialebene P_2' läßt sich zu einer wohlbestimmten, nicht ausgearteten, involutorischen Korrelation $\varkappa$ des gesamten P_3 in sich fortsetzen. $\varkappa$ ist die bekannte Polarität bezüglich Q_2 und führt Q_2 als Punktmenge in das mit Q_2 verbundene Dualgebilde $\hat{Q}_2$ aller Tangentialebenen von Q_2 über. Die nicht entarteten Quadriken Q_2 sind demnach von der Ordnung und Klasse 2. Das bedeutet: Eine Gerade P_1 schneidet Q_2 entweder in 2 verschiedenen Punkten oder berührt sie in einem Punkt oder liegt ganz darauf. Dual da-

zu: Durch P_1 gehen entweder genau 2 Tangentialebenen von Q_2 oder nur eine, oder jede Ebene durch P_1 ist Tangentialebene.

2. Verlangt man, daß die Quadrik Q_2 mindestens einen singulären Punkt besitze, so hat man gemäß Band I, Einl. A zu fordern, daß das System

$$(2) \qquad \frac{\partial f}{\partial x_i} = 0, \text{ d. h. } \sum_{j=0}^{3} a_{ij} x_j = 0 \quad (i = 0, 1, 2, 3)$$

eine nicht triviale Lösung besitze. Ist der Rang von (a_{ij}) gleich 3, so ergeben sich als Lösung von (2) die Koordinaten eines Punktes S_0, und Q_2 ist Kegel mit der Spitze S_0. Das bedeutet, A_2 besteht aus lauter Geraden durch S_0, und diese Geraden erhält man so: In einer gewissen Ebene P_2, die S_0 nicht enthält, gebe man einen nicht entarteten Kegelschnitt Q_1 vor und verbinde alle Punkte von Q_1 mit S_0. In S_0 besitzt Q_2 keine Tangentialebene, wohl aber in jedem Punkt $P_0 \neq S_0$; alle diese Tangentialebenen enthalten S_0. Ihre Gesamtheit ist das Dualgebilde zu den Punkten eines Kegelschnitts, wenn man diesen als Teilmenge des P_3 auffaßt.

3. Eine Quadrik Q_2 muß zum Unterschied vom Kegelschnitt erst dann zerfallen, wenn sie mehr als einen singulären Punkt enthält. Mit 2 Punkten S_0 und S_0' ist auch die ganze Gerade $S_1 = S_0 \cup S_0'$ für Q_2 singulär, und Q_2 zerfällt in 2 verschiedene Ebenen durch S_1, wenn Q_2 außerhalb von S_1 keine singulären Punkte besitzt. Die Matrix (a_{ij}) in (1) hat jetzt den Rang 2.

4. Die Punkte eines quadratischen Kegels mit der Spitze S_0 verteilen sich auf die der Punkte einer gewissen Menge von Geraden. Das Gleiche gilt aber auch für jede nicht entartete Q_2. Es ist bekannt, daß eine solche Q_2 durch 2 Scharen von Geraden erzeugt wird. Man kann auch leicht zeigen, daß es keine andere Fläche außer den Quadriken gibt, die gleichzeitig 2 Scharen von erzeugenden Geraden besitzt. Man braucht dazu bekanntlich nur die eine Schar von Erzeugenden als Gesamtheit aller Geraden zu kennzeichnen, die 3 Geraden der anderen Schar schneiden. Unter den Flächen

3. und 4. Grades werden wir andere Regelflächen, d. h. durch Geraden erzeugte Flächen kennen lernen. Diese werden dann natürlich nur eine Geradenschar besitzen.

5. Die nicht-entarteten Quadriken sind selbstdual, d. h. die Koordinaten ihrer Tangentialebenen erfüllen gleichfalls eine quadratische Gleichung vom Rang 4. Den Kegeln, d. h. den Quadriken vom Rang 3, steht dagegen ein anderes Gebilde dual gegenüber: Die Gesamtheit aller Ebenen des P_3 durch die Tangenten eines in der Ebene S_2 gelegenen nicht entarteten Kegelschnitts.

6. In geeigneten Koordinaten kann man die Gleichung einer nicht entarteten Quadrik Q_2 bekanntlich in der Form

$$x_0 x_3 - x_1 x_2 = 0 \tag{3}$$

schreiben. Hieraus entnimmt man für Q_2 eine Parameterdarstellung in der Gestalt

$$x_0 = u_0 v_0,\ x_1 = u_0 v_1,\ x_2 = u_1 v_0,\ x_3 = u_1 v_1. \tag{4}$$

Durch (4) wird eine eineindeutige Beziehung zwischen den Punkten $P_0 < Q_2$ und den Paaren

$$U_0 < U_1,\ V_0 < V_1 \tag{5}$$

hergestellt. Dabei durchlaufen U_0 und V_0 je unabhängig voneinander die Punkte der Geraden U_1 und V_1. Bei Festhalten je von U_0 oder V_0 in (5) erhält man die Punkte der erzeugenden Geraden je der einen oder anderen Schar auf Q_2.

7. Man könnte zeigen, daß es aus topologischen Gründen unmöglich ist, die Punkte einer regulären Q_2 ausnahmslos eineindeutig auf die Punkte einer projektiven Ebene P_2 zu beziehen. Doch ist dies möglich, wenn man gewisse Ausnahmen dieser Beziehung zuläßt. Dazu braucht man nur mittels der bekannten stereographischen Projektion Q_2 von einem Punkt $Z_0 < Q_2$ auf eine Z_0 nicht enthaltende Ebene Y_2 zu projizieren. Q_2 werde durch (3) beschrieben; ferner sei Z_0 der Punkt (0, 0, 0,1) und Y_2 die Ebene $x_3 = 0$, deren Koordinaten auch mit (y_i) bezeichnet seien. Dann wird auf Grund einfacher Rechnung die Projektion von Q_2 aus Z_0 auf Y_2 durch die Formeln:

$$(6) \qquad x_0 = y_0^2,\ x_1 = y_0 y_1,\ x_2 = y_0 y_2,\ x_3 = y_1 y_2$$

beschrieben. Hieraus entnehmen wir: Punkte $Y_0 < Y_2$, die nicht auf der Geraden $y_0 = 0$ liegen, und Punkte $P_0 < Q_2$, die nicht in der Ebene $x_0 = 0$ liegen, entsprechen sich eineindeutig. Die von Z_0 verschiedenen Punkte der auf Q_2 liegenden beiden Geraden

$$x_0 = x_1 = 0 \text{ und } x_0 = x_2 = 0$$

werden bei der Projektion je auf die Punkte (0, 0, 1) und (0, 1, 0) abgebildet. Zur Vervollständigung der Beziehung ordnet man noch Z_0 jedem Punkt der Geraden $y_0 = 0$ zu.

Wegen der Parameterdarstellung (6) heißen die Quadriken auch rationale Flächen. Weiteren rationalen Flächen werden wir in den folgenden Abschnitten begegnen. Sie sind das Analogon zu den aus Band I bekannten rationalen Kurven. Wie wir es am Beispiel der Quadrik sahen, braucht dabei die Parameterdarstellung nur eine „im allgemeinen" eineindeutige Beziehung zwischen den Punkten der betr. Fläche F_2 und der Ebene Y_2 herzustellen. Dies bedeutet, die Eineindeutigkeit kann in den Punkten gewisser Kurven je auf Y_2 und Q_2 gestört sein. Diese Ausnahmen der Beziehung lassen sich bei rationalen Flächen im allgemeinen nicht vermeiden, während bei rationalen Kurven die Beziehung zwischen den Stellen der Kurven und den Punkten der Geraden Y_1 stets eineindeutig ohne Ausnahme ist.

§ 2. Einige Grundeigenschaften algebraischer Flächen des P_3

Bevor wir uns später speziellen Flächen zuwenden, sollen in diesem und dem folgenden Abschnitt einige allgemeine Tatsachen über Flächen und ihre Dualgebilde zusammengestellt werden. Einige Dinge davon sind naheliegende Verallgemeinerungen von Eigenschaften ebener Kurven, wie sie im Bd. I, § 12 zusammengestellt wurden oder von den Quadriken her im einfachsten Fall bekannt sind. Auch beziehen wir uns auf einige algebraische Grundtatsachen von Bd. I, Einleitung A.

Eine algebraische Fläche F_n vom Grade n ist das Nullstellengebilde einer quaternären Form n-ten Grades

$$f(x_0, x_1, x_2, x_3) = 0 \tag{1}$$

mit Koeffizienten aus unserem Grundkörper K. Ist f in K nicht in Formen niederen Grades $\geqq 1$ zerfällbar, so heißt F_n irreduzibel. Unsere späteren Beispiele für $n = 3$ und $n = 4$ werden selbstverständlich irreduzible Flächen sein. Wie bei ebenen Kurven der Ordnung n ist dann n die Höchstzahl von Punkten, die eine nicht ganz auf F_n liegende Gerade mit F_n gemein hat. Diese Höchstzahl muß auch erreicht werden, außer wenn F_n reduzibel ist und mehrfach zählende Bestandteile hat, d. h. wenn f im Körper K in ein Produkt von Formen niederer Grade zerfällt, wovon mindestens eine mehrfach auftritt.

Eine beliebige Ebene P_2, die kein Teil von F_n ist, schneidet F_n in einer ebenen Kurve n-ten Grades k_n. Jedoch kann eine solche k_n auch bei irreduzibler F_n zerfallen, wie man bereits vom Fall der Quadriken ($n = 2$) her weiß.

Der Punkt $P_0 < F_n$ heißt von der Vielfachheit s, wenn für die Koordinaten von P_0 alle Ableitungen von f bis zur s-1-ten, aber nicht alle s-ten Ableitungen verschwinden. Die Punkte der Vielfachheit $s = 1$ heißen regulär, die mit $s > 1$ singulär. Die irreduziblen Kurven der Ebene besitzen höchstens endlich viele singuläre Punkte. Bei den Flächen wird man dagegen auch damit rechnen müssen, daß sie unendlich viele singuläre Punkte besitzen, die dann eine sog. singuläre Kurve bilden. Was eine Kurve des P_3 ist, werden wir erst im Kap. II allgemein definieren. Doch werden die späteren Beispiele singulärer Kurven sich auf Geraden und Kegelschnitte beschränken. So hat ein Ebenenpaar die Schnittgerade beider Ebenen als singuläre Kurve; bei einer Fläche 3. Grades, die in eine Ebene P_2 und eine Quadrik Q_2 zerfällt, ist ersichtlich der Schnittkegelschnitt von P_2 und Q_2 singulär. Beispiele irreduzibler Flächen F_n mit singulären Kurven werden wir erst bei $n = 3$ finden.

In einem regulären Punkt $P_0(p_0, p_1, p_2, p_3)$ erklärt man als Tangentialebene $T_2(P_0)$ die Ebene mit der Gleichung

$$\sum_{i=0}^{3} x_i \left(\frac{\partial f}{\partial x_i}\right)(p_j) = 0 . \tag{2}$$

Gemäß Band I, Einl. A, schneiden alle Geraden durch P_0, die in $T_2(P_0)$ liegen, F_n in P_0 mit einer Vielfachheit $\geqq 2$, und umgekehrt liegen alle Geraden durch P_0 mit dieser Eigenschaft auch in $T_2(P_0)$. Man spricht auch von Tangenten durch einen singulären Punkt P_0. Ist $P_0 < F_n$ ein Punkt von der Vielfachheit s, so nennt man Tangenten in P_0 an F_n solche Geraden, die F_n in P_0 mindestens in der Vielfachheit $s + 1$ schneiden. Die Punkte aller so erklärten Tangenten bilden den Tangentialkegel mit der Spitze P_0. Hat P_0 die Koordinaten (1, 0, 0, 0), so lautet die Gleichung von F_n:

$$\begin{aligned} f = x_0^{n-s} a_s(x_1, x_2, x_3) + \ldots + x_0 a_{n-1}(x_1, x_2, x_3) \\ + a_n(x_1, x_2, x_3) = 0 , \end{aligned} \tag{3}$$

worin die a_j Formen vom Indexgrade sind. Durch

$$a_s(x_1, x_2, x_3) = 0 \tag{4}$$

wird dann ersichtlich die Gleichung des Tangentialkegels an F_n mit der Spitze P_0 beschrieben. Bei $s = 1$ ist dies die Tangentialebene $T_2(P_0)$.

Eine sehr nützliche Kennzeichnung der Tangentialebenen algebraischer Flächen enthält der folgende

Satz 1. P_0 sei ein regulärer Punkt der Fläche F_n. Dann schneidet die Tangentialebene $T_2(P_0)$ die Fläche in einer Kurve, die in P_0 singulär ist, und umgekehrt ist die Ebene T_2 dann Tangentialebene in P_0, wenn P_0 für F_n regulär, für die Schnittkurve

$$T_2 \cap F_n$$

jedoch singulär ist.

Beweis: Ohne Beschränkung der Allgemeinheit sei ein Koordinatensystem angenommen mit P_0 als (1, 0, 0, 0) und $x_3 = 0$ als Tangentialebene $T_2(P_0)$. Dann lautet die Gleichung von F_n:

$$f = x_3 x_0^{n-1} + a_2(x_1, x_2, x_3) x_0^{n-2} + \ldots + a_n(x_1, x_2, x_3) = 0. \tag{4}$$

2*

Aus (4) folgt sofort der erste Teil des Satzes. Der zweite Teil ist dann bewiesen, wenn wir gezeigt haben, daß jede von $x_3 = 0$ verschiedene Ebene A_2 durch P_0 die Fläche F_n in einer Kurve schneidet, die in P_0 regulär ist. A_2 habe die Gleichung:

$$\alpha_1 x_1 + \alpha_2 x_2 + \alpha_3 x_3 = 0. \tag{5}$$

Wegen $T_2(P_0) \neq A_2$ darf in (5) nicht $\alpha_1 = \alpha_2 = 0$ sein. Es sei

$$\alpha_1 \neq 0, \tag{6}$$

so daß man (5) in der Form

$$x_1 = -\frac{\alpha_2}{\alpha_1} x_2 + \frac{\alpha_3}{\alpha_1} x_3 \tag{7}$$

schreiben kann. Bei Einsatz von (7) in (4) ergibt sich die durch

$$x_3 x_0^{n-1} + a_2(\alpha_2 x_2 + \alpha_3 x_3, x_2, x_3) x_0^{n-2} + \ldots = 0 \tag{8}$$

dargestellte Kurve der (x_0, x_2, x_3)-Ebene. Diese ist ersichtlich im Punkt $(1, 0, 0)$ regulär. Analog schließt man, wenn (5) nach x_2 statt nach x_1 auflösbar ist.

Durch Verbindung der Punkte einer algebraischen Kurve k_n der Ebene Y_2 mit einem außerhalb von Y_2 gelegenen Punkt Z_0 erzeugt man einen sogenannten Kegel, wie er oben als Tangentialkegel in einem singulären Punkt einer Fläche schon aufgetreten war. Besitzt eine Fläche F_n im Punkt P_0 $(1, 0, 0, 0)$ eine Singularität von der Vielfachheit n, so reduziert sich ihre Gleichung (3) auf

$$a_n(x_1, x_2, x_3) = 0, \tag{9}$$

und umgekehrt hat die Gleichung jedes Kegels mit der Spitze $(1, 0, 0, 0)$ eine Gleichung der Form (9), so daß wir unmittelbar folgenden Satz haben:

Satz 2. Die Kegel sind als solche Flächen n-ten Grades des P_3 gekennzeichnet, die einen singulären Punkt der Vielfachheit n besitzen.

Wie bei den Kurven nennt man weiterhin Monoide alle algebraischen Flächen F_n vom Grade n mit einem Punkt der

Vielfachheit $n-1$. Alle Quadriken und alle Flächen 3. Grades mit einem singulären Punkt gehören demnach zu den Monoiden. Noch wichtiger ist jedoch folgende

Definition: Regelfläche heißt jede algebraische Fläche, bei der es durch jeden Punkt mindestens eine Gerade gibt, die ganz auf der Fläche liegt.

Die Quadriken sind Regelflächen; im § 7 werden wir die Regelflächen vom 3. Grade kennen lernen.

Im Band I hatten wir die Doppelpunkte und Spitzen als die einfachsten Singularitäten ebener Kurven definiert. Wir definieren jetzt das Analogon zum Doppelpunkt für die Flächen: $P_0 < F_n$ heißt konischer Doppelpunkt, wenn er singulär von der Vielfachheit 2 mit einem nicht weiter entarteten Tangentialkegel ist. Ein Beispiel hierfür werden wir später bringen. Nimmt man wie in (3) solche Koordinaten an, daß P_0 zu (1, 0, 0, 0) wird, so daß der Tangentialkegel in P_0 die Gleichung

$$a_2(x_1, x_2, x_3) = 0 \tag{10}$$

hat, so muß die quadratische Form a_2 den Rang 3 haben. Auch diejenigen Fälle, wo P_0 zwar noch die Vielfachheit 2 besitzt, jedoch die Form a_2 kleineren Rang als 3 hat, haben besondere Namen erhalten. So sagt man, P_0 ist biplanar oder uniplanar, je nachdem ob a_2 den Rang 2 oder 1 hat. Diese Bezeichnungen dürften sich von selber verstehen, da im ersten Fall der Tangentialkegel in P_0 in ein Ebenenpaar und im zweiten Fall in eine doppelt gezählte Ebene entartet. Es sei nur erwähnt, daß man hierbei mit den Namen „biplanar“ und „uniplanar“ bereits verhältnismäßig komplizierte Typen singulärer Punkte umfaßt. In einer genaueren Unterteilung derselben müßte man noch die Glieder höheren Grades, d. h. a_3, a_4, ... in (3) berücksichtigen. In der Ebene konnten wir auch nur so die gewöhnliche von den höheren Spitzen usw. unterscheiden. Die späteren Beispiele isolierter singulärer Punkte werden aber nur konische Doppelpunkte sein, und die schwierigere Diskussion höherer Singuläritaten muß außerhalb unseres Rahmens bleiben.

Die Formen n-ten Grades hängen von $\binom{n+3}{3}$ Koeffizienten ab, bei denen es aber auf einen gemeinsamen Faktor $\varrho \neq 0$ nicht ankommt. Man kann also die Flächen n-ten Grades auf die Punkte eines projektiven Raumes P_N von

$$N = \binom{n+3}{3} - 1$$

Dimensionen abbilden. Lineare Teilräume P_d dieses P_N definieren sog. ∞^d-Scharen von Flächen F_n, die man auch d-dimensionale Linearscharen nennt — analog wie es im Band I im Falle ebener Kurven erklärt wurde. Ebenso wie dort nennt man die ∞^1-Scharen auch Büschel.

Ein besonders wichtiges, mit jeder Fläche F_n verknüpftes Linearsystem ist wiederum wie in der Ebene das der Polaren. Dabei wird die Polare $F_{n-1}(P_0)$ des Punktes $P_0(p_0, p_1, p_2, p_3)$ bezüglich F_n durch

$$\sum_{i=0}^{3} p_i \frac{\partial f}{\partial x_i} = 0 \tag{11}$$

erklärt, wenn $f = 0$ wieder die Gleichung von F_n ist. Wenn die linke Seite in (11) nicht identisch verschwindet, wird durch (11) eine Fläche n-1-ten Grades definiert. Bei Veränderung der p_i ergibt sich dann das Linearsystem der Polaren. In völliger Analogie zu dem entsprechenden Satz der Ebene gilt dann der folgende

Satz 3: Die Polare $F_{n-1}(P_0)$ des Punktes P_0 bezügl. der Fläche F_n ist genau dann nicht erklärt, wenn F_n ein Kegel mit der Spitze P_0 ist. In diesem Fall und nur dann hat das Polarsystem (11) weniger als 3 Dimensionen.

Beweis: Wir nehmen wieder an, P_0 sei der Punkt (1, 0, 0, 0). Dann verschwindet die linke Seite von (11) identisch, d. h. $F_{n-1}(P_0)$ ist nicht erklärt, wenn

$$\frac{\partial f}{\partial x_0} = 0 \tag{12}$$

ist, d. h. f nicht von x_0 abhängt. Dann ist aber F_n ein Kegel mit der Spitze P_0, und alle Punkte einer Geraden durch P_0, für die die Polare erklärt ist, haben die gleiche Polare, d. h.

die Dimension des Systems (11) ist gewiß kleiner als 3. Liegt dies umgekehrt vor, so muß es ein System nicht durchweg verschwindender Zahlen p_i geben derart, daß die linke Seite von (11) identisch 0 ist, d. h. aber, es gibt einen Punkt $P_0(p_i)$, dessen Polare bezüglich F_n nicht erklärt ist, d. h. F_n ist Kegel mit der Spitze P_0.

Wie bei den ebenen Kurven benutzt man auch jetzt die Polaren dazu, um die Berührungspunkte der Tangenten von einem gegebenen Punkt an eine Fläche zu finden. Es gilt nämlich der

Satz 4: P'_0 sei ein beliebiger Punkt des P_3 und $F_{n-1}(P'_0)$ die Polare von P'_0 bzl. F_n. Ferner gehöre der von P'_0 verschiedene Punkt P_0 dem Durchschnitt

$$(13) \qquad F_n \frown F_{n-1}(P'_0)$$

an. Ist P_0 regulär für F_n, so ist die Gerade $P_1 = P_0 \smile P'_0$ Tangente an F_n in P_0. Umgekehrt liegt der Berührungspunkt P_0 jeder P'_0 enthaltenden Tangente im Durchschnitt (13). Dieser Durchschnitt enthält außerdem noch jeden singulären Punkt von F_n.

Beweis: Die Punkte P'_0 und P_0 mögen je die Koordinaten $(0, 0, 0, 1)$ und (p_0, p_1, p_2, p_3) haben. Dann gilt nach Voraussetzung:

$$(14) \qquad f(p_0, p_1, p_2, p_3) = 0, \quad \frac{\partial f}{\partial x_3}(p_0, p_1, p_2, p_3) = 0.$$

Die Verbindungsgerade $P_1 = P_0 \smile P'_0$ hat die Parameterdarstellung:

$$(15) \qquad x_0 = \mu p_0, \; x_1 = \mu p_1, \; x_2 = \mu p_2, \; x_3 = \lambda + \mu p_3,$$

und aus

$$(16) \qquad f(\mu p_0, \mu p_1, \mu p_2, \lambda + \mu p_3) = 0$$

bestimmen sich die Parameter μ, λ der Schnittpunkte von P_1 mit F_n. Nun ist:

$$(17) \quad f(\mu p_0, \mu p_1, \mu p_2, \lambda + \mu p_3) = \mu^n f(p_i) + \mu^{n-1}\left(\frac{\partial f}{\partial x_3}\right)(p_i) + \ldots,$$

und hieraus folgt wegen (14), daß der Schnittpunkt P_0 von P_1 und F_n mindestens doppelt zählt, d. h. P_1 ist Tangente in P_0 an F_n, wenn P_0 für F_n einfach ist. Ist umgekehrt P_1 Tangente an F_n im regulären Punkt P_0, so müssen die Koeffizienten von μ^n und $\mu^{n-1}\lambda$ in (17) verschwinden, und das bedeutet wiederum: P_1 gehört dem Durchschnitt (13) an. Schließlich liegt ein singulärer Punkt S_0 von F_n auf der Polaren jedes Punktes, da für S_0 sämtliche Ableitungen von f verschwinden.

Durch Elimination von p_0 aus den beiden Gleichungen (14) möge die Gleichung

$$\varphi(x_1, x_2, x_3) = 0 \tag{18}$$

entstehen, wenn wir hinterher wieder x_i statt p_i schreiben. (18) ist die Gleichung eines Kegels, dem zufolge Satz 3 alle von P_0' an F_n gelegten Tangenten angehören. Man nennt diesen Kegel mit der Spitze P_0' auch den Umrißkegel der Fläche F_n von P_0' aus. Dieser Name erinnert an folgende aus der Geometrie des reellen Anschauungsraums her bekannte Tatsache: Bei Beleuchtung einer Fläche F_n mit einer in P_0' angebrachten Lichtquelle trennt die Schnittkurve des Umrißkegels mit F_n die beleuchteten von den im Schatten liegenden Stellen auf F_n.

§ 3. Die Dualgebilde zu den algebraischen Flächen und ihre Beziehung zu den Punktgebilden

Mit jeder ebenen algebraischen Kurve k_n hatten wir im Band I, § 12 ein Dualgebilde $\hat{k}_m$, die Gesamtheit aller Tangenten von k_n, verknüpft. Dabei wird k_m, außer wenn k_n zerfällt und Geraden dabei als Bestandteile enthält, durch eine Gleichung in den Linienkoordinaten beschrieben. Wir wollen jetzt die entsprechenden Überlegungen im P_3 anstellen. Dazu ist es zweckmäßig, zunächst grundsätzlich die Tatsachen des vorigen Abschnitts vom dualen Standpunkt aus neu zu formulieren. Ausgangspunkt ist jetzt eine algebraische Relation

$$\varphi(\xi_0, \xi_1, \xi_2, \xi_3) = 0 \tag{1}$$

vom Grade m in den Ebenenkoordinaten ξ_i des P_3. Die Gesamtheit aller Ebenen des P_3, deren Koordinaten (1) erfüllen, definiert eine Menge, die wir Dualfläche nennen und mit $\hat{F}_m$ bezeichnen wollen. Wir stellen jetzt im folgenden einige Tatsachen über solche $\hat{F}_m$ zusammen. Diese ergeben sich leicht durch Dualisierung der Ergebnisse des vorigen Abschnitts:

1. Ist $P_1 < P_3$ eine beliebige Gerade, so gibt es folgende Möglichkeiten: Alle Ebenen durch P_1 gehören zu $\hat{F}_m$ oder nur endlich viele, und zwar höchstens m. Diese sind im zweiten Fall dann je mit einer Vielfachheit zu rechnen derart, daß die Summe aller dieser Vielfachheiten $= m$ ist. Zerfällt φ nicht in Formen niederen Grades, wovon mindestens eine mehrfach zählt, so gibt es auch stets solche Geraden P_1, derart, daß genau m verschiedene Ebenen durch P_1 zu $\hat{F}_m$ gehören.

2. $P_0 < P_3$ sei ein beliebiger Punkt. Dann können alle Ebenen durch P_0 zu $\hat{F}_m$ gehören, wenn φ einen Linearfaktor abspaltet, der gleich 0 gesetzt die Gleichung des Punktes P_0 ist. Ist dies nicht der Fall, so bilden diejenigen Ebenen durch P_0, die zu $\hat{F}_m$ gehören, das räumlich-duale Gegenstück einer ebenen Kurve, d. h. man erhält sie durch Verbindung der Geraden des eben-dualen Gegenstücks $\hat{k}_m$ einer Kurve mit P_0.

3. Eine Ebene $P_2 < \hat{F}_m$ heißt von der Vielfachheit s in $\hat{F}_m$, wenn folgendes gilt: Es gibt Geraden $P_1 < P_2$, derart, daß P_2 im Sinne von 2. unter den endlich vielen F_m gehörigen Ebenen durch P_1 s-fach zählt, aber es gibt keine Gerade $P_1 < P_2$, bei denen P_2 hierbei weniger als s-fach zählt.

4. Ebenen $P_2 < \hat{F}_m$, die im Sinne von 3. von der Vielfachheit $s = 1$ sind, heißen einfach oder regulär für $\hat{F}_m$. In einer solchen Ebene P_2 gibt es einen Punkt P_0, der so gekennzeichnet ist: P_2 zählt in allen Büscheln, deren Trägergerade P_0 nicht enthält, einfach, für alle Büschel, deren Trägergerade P_0 enthält, dagegen mindestens zweifach. Dieser Punkt P_0 in der regulären Ebene $P_2 < \hat{F}_m$ ist das duale Ge-

genstück zur Tangentialebene im regulären Punkt einer Fläche F_n, und die Geraden des Büschels durch P_0 im P_2 entsprechen den Tangenten, die F_n im regulären Punkt P_0 berühren. Sie seien daher Dualtangenten von $\widehat{F}_m$ genannt.

5. $P_2 < \widehat{F}_m$ sei eine Ebene, die gemäß der Definition 3. für $\widehat{F}_m$ singulär von der Vielfachheit $s > 1$ sei. Dann bilden diejenigen Geraden $P_1 < P_2$, für deren Büschel P_2 in höherer Vielfachheit als s zählt, das eben-duale Gegenstück $\widehat{k}_s$ zu einer ebenen algebraischen Kurve. Man hat diese Geraden ebenso wie die unter 4. genannten als Dualtangenten von $\widehat{F}_m$ zu betrachten.

6. $P_2 < \widehat{F}_m$ sei für $\widehat{F}_m$ singulär von der Vielfachheit $s = 2$, wobei die gemäß 5. in P_2 ausgezeichnete $\widehat{k}_2$ aus den Tangenten eines regulären Kegelschnitts besteht. Dann ist P_2 das duale Gegenstück zu einem konischen Doppelpunkt (in der englischen Literatur auch trope genannt).

7. Der Dualkegel, d. h. das duale Gegenstück zu einem Kegel, ist ersichtlich die Gesamtheit aller Ebenen des P_3, die die Geraden eines Gebildes $\widehat{k}_m$ einer festen Ebene S_2 enthalten. S_2 entspricht dabei der Spitze des Kegels.

8. Die Dualfläche $\widehat{F}_m$ ist Dualregelfläche, wenn es in jeder Ebene $P_2 < \widehat{F}_m$ mindestens eine sog. Dualerzeugende P_1 gibt, derart, daß alle Geraden durch P_1 zu F_m gehören. Triviale Beispiele von Dualregelflächen sind wiederum die Dualkegel von Nr. 7). Ein weiteres elementares Beispiel hierzu sind die regulären Quadriken Q_2. Eine solche Q_2 ist bekanntlich (s. § 1) auf doppelte Weise als Regelfläche aufzufassen. Die Gesamtheit $\widehat{Q}_2$ aller Tangentialebenen von Q_2 ist gleichfalls auf doppelte Weise Dualregelfläche. Dabei treten dieselben Mengen von Geraden auf, einmal als Erzeugende von Q_2 und einmal als Dualerzeugende von $\widehat{Q}_2$.

Wir kehren jetzt wieder zu den Flächen $\widehat{F}_n$ als Punktgebilden zurück. Diese besitzen in jedem regulären Punkt eine wohlbestimmte Tangentialebene, und wir wollen auch in den singulären Punkten Tangentialebenen erklären. S_0 sei ein singulärer Punkt von F_n und $K_s(S_0)$ der schon definierte Tangentenkegel mit der Spitze in S_0. Dabei mögen sich die Geraden von $K_s(S_0)$ durch Verbindung von S_0 mit den Punkten der ebenen Kurve k_s ergeben. Mit k_s ist seinerseits ein ebenes Dualgebilde $\hat{k}$ verknüpft, und die Verbindungsebenen der Geraden von $\hat{k}$ mit S_0 sollen alle sog. singuläre Tangentialebenen in S_0 sein. Man könnte rechnerisch zeigen, daß die so erklärten singulären Tangentialebenen Grenzlagen von Tangentialebenen in den regulären Punkten von F_n sind. Nunmehr definieren wir: Die Gesamtheit der regulären und singulären Tangentialebenen von F_n sei das mit F_n verbundene Gebilde $\hat{F}_m$. Darüber nennen wir ohne Beweis folgenden

Satz: Das mit einer gegebenen Fläche F_n verbundene Dualgebilde ist eine Dualfläche $\hat{F}_m$, außer wenn F_n eine Ebene oder eine Torse ist, d. h. ein spezieller Typ von Regelflächen, zu dem auch die Kegel gehören.

Es ist leicht einzusehen, daß die einem Kegel zugeordnete Ebenenmenge Φ das räumlich Duale einer ebenen Kurve, also gewiß keine Dualfläche ist. In der Differentialgeometrie wird obiger Satz für reguläre Flächenstücke im Reellen und Komplexen bewiesen (s. Strubecker, Sa. Gö.). Dort werden die erwähnten Torsen als Kegel, Zylinder und Tangentenflächen von Raumkurven beschrieben.

Ist Φ eine Dualfläche $\hat{F}_m$, so kann man diese zur besseren Veranschaulichung auch durch eine Korrelation des P_3 in eine Fläche F_m verwandeln. Analog zu dem entsprechenden Begriff von Bd. I, § 12 wäre F_m dann als die zu F_n duale Fläche zu bezeichnen. Die Ordnung m von F_m ist die sog. Klasse von F_n.

Eine Fläche F_n, bei der das Gebilde Φ eine Dualfläche ist, kann man auch zweckmäßig als Gesamtheit von Ebenenelementen auffassen, d. h. als Gesamtheit von Punkten und ihren Tangentialebenen in vereinigter Lage, wie aus den Überlegungen dieses Abschnitts hervorgeht. In der Ebene hat man entsprechend die Kurven als Gesamtheit von Punkten und Tangenten in vereinigter Lage aufzufassen, und die Mengen von Elementen, die somit im Raum wie in der Ebene vorliegen, gehören zu den sog. Elementvereinen. Der Standpunkt, den algebraischen Kurven und Flächen Elementvereine zuzuordnen, hat den Vorteil, die Dualgebilde gleich mit zu erfassen. Doch können wir uns darauf nicht weiter einlassen.

§ 4. Schnitte algebraischer Flächen und Bézoutscher Satz im P_3

Durch Schnitte algebraischer Flächen werden wir in Kap. II algebraische Raumkurven definieren. Hierzu, aber auch für Fragen, die nur eine Fläche angehen, etwa zur Bestimmung ihrer Klasse, d. h. der Ordnung der ihr gemäß § 3 zugeordneten dualen Fläche, benötigt man eine Ausdehnung der den Bézoutschen Satz und die Schnittvielfachheiten betreffenden Untersuchungen aus Band I auf den P_3. Zunächst einmal stellen wir fest, daß 2 Flächen F_n und F'_m gewiß unendlich viele Punkte gemein haben. Denn eine beliebige Ebene F''_1 schneidet F_n und F'_m je in Kurven k_n und k'_m, die ihrerseits Punkte miteinander gemein haben. Der Schnitt von F_n und F'_m kann somit gewiß nicht aus endlich vielen Punkten bestehen, da man dann Ebenen finden könnte, die keinen dieser Punkte enthalten. Bézoutsche Sätze sagen nun stets etwas aus über eine gewisse Menge von endlich vielen Schnittpunkten algebraischer Gebilde. In den einfachen räumlichen Satz von Bézout gehen daher auch 3 verschiedene Flächen ein. Der Satz selber lautet:

Satz 1. (Bézoutscher Satz im P_3): Gegeben seien 3 verschiedene Flächen F_n, F'_m, F''_p des P_3, die nur endlich viele Punkte gemein haben. Dann ist die Höchstzahl dieser Punkte gleich nmp. Diese Punkte selber seien

$$(1) \qquad S_0^{(1)}, S_0^{(2)} \ldots, S_0^{(r)} \qquad (r \leqq n \cdot m \cdot p).$$

Es läßt sich jetzt jedem derselben eine wohlbestimmte natürliche Zahl, die sog. Schnittvielfachheit σ $(S_0^{(i)})$ von F_n, F'_m und F''_p in $S_0^{(i)}$, zuordnen derart, daß

$$\sum_{i=1}^{r} \sigma(S_0^{(i)}) = n\, m\, p \tag{2}$$

gilt.

Wir müssen auf den Beweis dieses allgemeinen Satzes im Rahmen des vorliegenden Büchleins verzichten. Wir benötigen aber auch im weiteren nur einen bescheidenen Spezialfall des Satzes 1, der im folgenden gesondert formuliert werden möge:

Satz 2: Gegeben seien die beiden Flächen F_n und F'_m sowie die Ebene F''_1. Diese 3 Flächen mögen nur endlich viele Punkte gemein haben. Wir setzen

$$k_n = F_n \frown F''_1, \; k'_m = F'_m \frown F''_1 . \tag{3}$$

Erklärt man jetzt die Schnittvielfachheit $\sigma(S_0)$ in einem gemeinsamen Punkt S_0 von F_n, F'_m und F_1 als die gemäß Band I, § 13 bereits definierte Schnittvielfachheit von k_n und k'_m in S_0, so ist die Summe derselben in den gemeinsamen Punkten von F_n, F'_m und F''_1 gleich $n \cdot m$.

Beweis: Dieser Satz ist eine unmittelbare Folge des ebenen Satzes von Bézout aus Bd. I, § 13. Es sei darauf hingewiesen, daß die Kurven k_n und k'_m dabei mehrfach zählende Bestandteile haben können, auch wenn F_n und F'_m, wie später bei den Anwendungen irreduzibel sind.

In der Ebene zählt nun ein Schnittpunkt S_0 von k_n und k'_m genau dann mit der Vielfachheit 1, wenn S_0 für beide Kurven einfach ist und die Tangenten in S_0 verschieden sind. Etwas Entsprechendes gilt für die Kennzeichnung eines einfachen Schnitts von 3 Flächen im P_3. Wir beschränken uns im folgenden wieder darauf, dies in dem Sonderfall von Satz 2 zu zeigen:

Satz 3: Der gemeinsame Punkt S_0 der beiden Flächen F_n, F'_m, mit der Ebene F''_1 zähle im Sinne von Satz 2 einfach. Dann ist S_0 für F_n, F'_m einfach, die Tangentialebenen in S_0 an F_n und F'_m sind voneinander verschieden, und ihre Schnittgerade liegt nicht in F''_1. Umgekehrt zählt S_0 auch nur dann als Schnitt einfach.

Beweis: Der Schnittpunkt S_0 der Flächen F_n, F'_m und F''_1 zähle im Sinne von Satz 2 einfach. Dann muß nach dem, was wir von der Ebene her wissen, S_0 für die Schnittkurven

$$k_n = F_n \frown F''_1\,,\ k'_m = F'_m \frown F''_1$$

einfach sein bei verschiedenen Tangenten. Dies ist aber gemäß § 2, Satz 1 nur möglich, wenn die Tangentialebenen an F_n und F'_m beide von F''_1 verschieden sind; ferner darf die Schnittgerade dieser beiden Tangentialebenen auch nicht in F_1 liegen, da dann k_n und k'_m in S_0 gleiche Tangenten hätten. Umgekehrt hat bei Vorliegen aller dieser Voraussetzungen für F_n, F'_m und F''_1 in S_0 der Punkt S_0 als Schnitt der 3 Flächen auch gewiss die Vielfachheit 1.

Wir erwähnen zum Schluß noch den einfachsten Fall einer Anwendung des Satzes 1, die nicht den Sonderfall des Satzes 2 bedeutet. Diese Anwendung liegt vor bei 3 Quadriken Q_2, Q'_2, Q''_2 mit nur isolierten Schnittpunkten. Diese schneiden sich dann nach Satz 1 in $r \leqq 8$ Schnittpunkten von der Vielfachheitssumme 8. Insbesondere, wenn diese 8 Punkte voneinander verschieden, d. h. alle Vielfachheiten einfach sind, pflegt man sie auch Gruppe von 8 assoziierten Punkten zu nennen, ähnlich wie man in der Ebene die 9 Grundpunkte eines Kubikenbüschels auch als assoziiert bezeichnet. In beiden Fällen ist nämlich ein Punkt bereits durch Vorgabe der übrigen 7, bzw. 8 Punkte mitbestimmt.

§ 5. Flächen 3. Grades mit Singularitäten und ihre Projektion auf die Ebene

Nachdem wir in den vorangehenden 3 Abschnitten genügend viele allgemeine Begriffe zur Geometrie algebraischer Flächen eingeführt haben, wollen wir uns jetzt mit den Flächen 3. Grades beschäftigen, bei denen man bereits viele Beispiele zur allgemeinen Theorie findet. Bevor wir uns jedoch im § 9 den singularitätenfreien Flächen 3. Grades zuwenden, sollen in diesem und den nächsten Abschnitten die Flächen 3. Grades behandelt werden, die Singularitäten besitzen.

Wir nehmen an, die irreduzible Fläche F_3 besitze den singulären Punkt S_0, und es liege ein Koordinatensystem vor, in dem S_0 der Punkt (0, 0, 0, 1) ist. Dann ist F_3 ein Monoid mit einer Gleichung:

$$(1) \qquad f = x_3 a_2(x_0, x_1, x_2) + a_3(x_0, x_1, x_2) = 0\,,$$

worin a_2 und a_3 je Formen der Grade 2 und 3 sind. Da S_0 nur von der Vielfachheit 2 sein sollte, darf a_2 in (1) nicht identisch verschwinden. Es ist dann

$$(2) \qquad a_2(x_0, x_1, x_2) = 0$$

die Gleichung des Tangentialkegels in S_0. Je nach dem Rang dieses Kegels kann S_0 konisch, biplanar oder uniplanar sein. Nun fällt aus der Gleichung (1) von F_3 neben dem Kegel mit der Gleichung (2) noch der durch

$$(3) \qquad a_3(x_0, x_1, x_2) = 0$$

definierte Kegel auf. Nach dem Bézoutschen Satz der Ebene haben beide Kegel, da sie ja die gleiche Spitze besitzen, gewiß Erzeugende gemeinsam, die dann Geraden sind, die auf F_3 liegen. Es gilt der

Satz 1. Gegeben sei eine irreduzible, von einem Kegel verschiedene, kubische Fläche F_3 mit dem singulären Punkt S_0. Dann gibt es durch S_0 stets Gerade, die ganz auf F_3 liegen. Ihre Anzahl ist $\leqq 6$, und man kann jeder dieser Geraden eine solche Vielfachheit zuordnen, daß die Summe derselben gleich 6 ist. Gehen durch S_0 mehr als 6 Geraden, so ist F_3 entweder ein Kegel mit der Spitze S_0 oder zerfällt, wobei ein solcher Kegel als Teil auftritt.

Beweis: Wegen unserer Koordinatenwahl sind offenbar den Geraden durch S_0 die Punkte der Ebene P_2 mit den Koordinaten (x_0, x_1, x_2) eineindeutig zugeordnet. Die Kegelgleichungen (2) und (3) bedeuten dann Gleichungen von Kurven k_2 und k_3 in X_2. Diese können keinen Bestandteil gemein haben, da dann f entgegen der Irreduzibilität von F_3 zerfallen würde. k_2 und k_3 haben mithin nach Bézout $r \leqq 6$ Punkte von der Vielfachheitssumme 6 gemein. Diesen r Punkten entsprechen Geraden durch S_0, die auf F_3 liegen.

Ihnen ordnen wir sinngemäß die Vielfachheiten der entsprechenden Schnittpunkte von k_2 und k_3 zu. Umgekehrt liege die Gerade $P_1 > S_0$ mit der Parameterdarstellung

$$(4) \qquad x_0 = \lambda,\ x_1 = \mu p_0,\ x_2 = \mu p_1,\ x_3 = \mu p_2$$

ganz auf F_3. Dann muß die durch Einsetzen von (4) in (1) entstehende Form in λ, μ identisch verschwinden; das bedeutet aber, es muß

$$(5) \qquad \lambda a_2(p_0, p_1, p_2) + \mu a_3(p_0, p_1, p_2) = 0$$

gelten, und (p_i) erfüllt die Beziehungen (2) und (3).

Im allgemeinen wird es 6 verschiedene Geraden durch S_0 auf F_3 geben. Aber je nach Art der Fläche F_3 und der Singularität S_0 können es jedoch auch weniger als 6 Geraden sein. Diese Dinge und vieles Weitere aus der Geometrie der F_3 mit singulärem Punkt S_0 wird klarer, wenn wir die F_3 aus S_0 auf die Ebene projizieren, analog wie wir es in Band I, § 4 mit den singulären Kubiken taten. Es gilt dann der

Satz 2: Gegeben sei eine beliebige irreduzible Fläche F_3 mit einem singulären Punkt S_0 der Vielfachheit 2. Dann wird F_3 durch Projektion von S_0 auf die Ebene P_2 im allgemeinen eineindeutig abgebildet. Hat F_3 die Gleichung (1), so wird die genannte Beziehung durch die Formeln

$$(6) \qquad \begin{aligned} x_0 &= -a_3(p_0, p_1, p_2), & x_1 &= p_1 a_2(p_0, p_1, p_2), \\ x_2 &= p_2 a_2(p_0, p_1, p_2), & x_3 &= p_2 a_2(p_0, p_1, p_2) \end{aligned}$$

beschrieben. Umgekehrt liefert (6) bei teilerfremden a_3, a_2 auch die Parameterdarstellung einer F_3 der genannten Art.

Beweis: Setzt man die rechten Seiten der Parameterdarstellung (4) einer durch S_0 gehenden Geraden G_1 in (1) ein, so ergibt sich eine kubische Gleichung mit $(\lambda = 1,\ \mu = 0)$ als doppelt zählender Wurzel. Die dritte Wurzel dieser Gleichung ist im allgemeinen von (1, 0) verschieden und lautet:

$$(7) \qquad \lambda = -a_3(p_0, p_1, p_2),\ \mu = a_2(p_0, p_1, p_2).$$

Setzt man (7) in (4) ein, so haben wir die Formeln (6), die einen Punkt unserer F_3 ergeben. Durch Veränderung von G_1

im Bündel aller Geraden durch S_0 erfaßt man so offenbar jeden Punkt von F_3. Umgekehrt ergeben Formeln der Art (6) eine Parameterdarstellung der F_3 mit der Gleichung (1).

Wir betrachten die Parameterdarstellung (6) unserer F_3 noch etwas genauer und zeigen darüber den

Satz 3: Bei der durch die Formeln (6) beschriebenen Abbildung der F_3 mit singulärem Punkt auf die Ebene P_2 mit den Koordinaten p_i gilt

a) Die ebenen Schnittkurven der F_3 sind den Kurven des durch

$$(8) \qquad -\lambda_3 a_3(p_i) + \lambda_0 p_0 a_2(p_i) + \lambda_1 p_1 a_2(p_i) + \lambda_2 p_2 a_2(p_i) = 0$$

definierten linearen ∞^3-Systems eineindeutig zugeordnet.

b) Zwischen denjenigen Punkten von F_3, die nicht auf einer der zu F_3 gehörigen Geraden durch S_0 liegen und den Punkten von P_2 außerhalb des Kegelschnitts k_2 mit der Gleichung $a_2 = 0$ besteht eine eineindeutige Beziehung.

c) Alle Punkte von k_2, die nicht gleichzeitig auf der durch $a_3 = 0$ definierten k_3 liegen, sind dem singulären Punkt $S_0 < F_3$ zugeordnet.

Beweis: Die Behauptungen folgen unmittelbar aus den Formeln (6).

Zur Vervollständigung der Beziehungen von Satz 3 ordnet man noch den Punkten einer der durch S_0 gehenden Geraden auf F_3 je einen der Durchschnittspunkte von k_2 und k_3 zu, wie es sich aus der geometrischen Herkunft der Formeln (6) von selber ergibt.

Man kann jetzt viele weitere Einzelheiten über die singulären F_3 den Formeln (6), bzw. den Linearsystem (8) mit seinen zahlreichen Sonderfällen entnehmen. Später werden wir durch Verallgemeinerung von (6) auch singularitätenfreie F_3 auf die Ebene abbilden. Besitzt die F_3 mehrere singuläre Punkte, so ist bei unserer Abbildung ersichtlich einer derselben bevorzugt, was ein gewisser Nachteil ist.

Im Gegensatz zu den ebenen Kubiken kann eine Fläche 3. Grades mehr als einen singulären Punkt besitzen, ohne zu zerfallen. Es gibt bereits 20 verschiedene Typen von Flächen

3. Grades mit $r \leqq 4$ isolierten Singularitäten, bei denen man im einzelnen noch zwischen den Möglichkeiten von konisch, biplanar und uniplanar zu unterscheiden hat. Alles dies, was man auch aus der ebenen Abbildung dieses Abschnitts durch Spezialisieren ablesen könnte, übergehen wir und wenden uns im nächsten Paragraphen gleich dem wichtigsten und einfachsten Sonderfall $r = 4$ zu.

§ 6. Flächen 3. Grades mit 4 isolierten Knotenpunkten und ihre Dualisierung zu Steiners Römerfläche

Wir beginnen mit folgendem

Satz 1: Besitzt eine kubische Fläche F_3 mehr als 2 singuläre Punkte auf einer Geraden G_1, so ist jeder Punkt von G_1 singulär.

Beweis: Wir nehmen an, F_3 besitze 3 singuläre Punkte A_0, B_0, C_0 auf der Geraden G_1 und führen solche Koordinaten ein, daß diese Punkte zu

$$A_0(0,0,0,1),\quad B_0(0,0,1,0),\quad C_0(0,0,1,1)$$

werden. Der singuläre Charakter von F_3 in A_0 und B_0 bedingt dann, daß in der Gleichung von F_1 die x_2 und x_3 nicht in höherer als der ersten Potenz auftreten. Diese Gleichung hat mithin folgende Gestalt:

$$(1)\qquad f = x_2 x_3 a_1(x_0, x_1) + x_2 b_2(x_0, x_1) + x_3 c_2(x_0, x_1) + d_3(x_0, x_1) = 0\,,$$

worin die a_1, b_2, c_2, d_3 wieder Formen vom Indexgrad sind. Daraus, daß alle Ableitungen von f außerdem noch für $(0, 0, 1, 1)$ verschwinden, schließen wir, daß in (1) gilt: $a_1 \equiv 0$. Dann folgt jedoch, daß die Ableitungen für f stets verschwinden, wenn man darin $x_0 = x_1 = 0$ einsetzt.

Nunmehr folgt leicht der folgende

Satz 2: Eine nicht zerfallende Fläche 3. Grades mit nur endlich vielen singulären Punkten kann höchstens 4 solche Punkte besitzen, und alle derartigen Flächen sind zueinander projektiv äquivalent.

Beweis: F_3 soll möglichst viele isolierte singuläre Punkte besitzen. Dann müssen nach Satz 1 je 3 davon eine Ebene aufspannen. Eine solche Ebene schneidet aber offenbar F_3 nur in den Verbindungsgeraden der darin liegenden singulären Punkte, kann also keine weiteren Singularitäten enthalten. Wir können daher annehmen, F_3 besitze 4 linear unabhängige singuläre Punkte. Macht man diese zu den Ecken eines Koordinatensystems, so darf die Gleichung von F_3 dann keine Variable in höherer als der ersten Potenz enthalten, so daß sie folgende Form hat:

$$(2) \qquad f = a_0 y_1 y_2 y_3 + a_1 y_0 y_2 y_3 + a_2 y_0 y_1 y_3 + a_3 y_0 y_1 y_2 = 0 .$$

Hierin darf kein a_i verschwinden, denn bei $a_i = 0$ würde f den Faktor y_i abspalten. Durch Einführung neuer Koordinamittels

$$(3) \qquad y_i = a_i x_i \ (i = 0, 1, 2, 3)$$

geht (1) über in

$$(4) \qquad f = x_1 x_2 x_3 + x_0 x_2 x_3 + x_0 x_1 x_3 + x_0 x_1 x_2 = 0 ,$$

worin keine Konstanten mehr stecken. Damit ist bereits die projektive Äquivalenz aller F_3 mit 4 linear unabhängigen singulären Punkten bewiesen. Es ist noch zu zeigen, daß die F_3 mit der Gleichung (4) auch keine weiteren singulären Punkte besitzen kann. Angenommen, S_0 wäre ein solcher Punkt. Würde S_0 auf einer Kante des Koordinatensystems, etwa der durch $x_0 = x_1 = 0$ definierten Geraden A_1, liegen, so wäre nach Satz 1 jeder Punkt von A_1 für F_3 singulär. Damit würde aber jede Ebene durch A_1 die Fläche F_3 in einer Kubik schneiden, die in jedem Punkt von A_1 singulär ist. Die Ebene $x_0 = 0$ hat jedoch nicht diese Eigenschaft. Würde S_0 aber außerhalb des Grundtetraeders liegen, so müßte die Verbindungsgerade G_1 von S_0 mit der Ecke A_0 und also auch der Schnittpunkt B_0 von G_1 mit der Gegenseite zu A_0 auf F_3 liegen. Dabei müßte jetzt B_0 außerhalb der Tetraederkanten liegen, und dies ist unmöglich.

Es sei noch darauf hingewiesen, daß die Flächen 4. Grades höchstens 16 isolierte Singularitäten besitzen können. Doch ist es eine offene Frage, für $n > 4$ die Höchstzahl isolierter Singularitäten anzugeben, die eine F_n besitzen kann.

Bemerkenswert ist die Spezialisierung der Ergebnisse von § 5, Satz 2 und 3 auf den Fall unserer F_3 mit 4 Knoten:

Satz 3: Bei der Projektion der kubischen F_4 mit 4 linear unabhängigen singulären Punkten aus einem dieser Punkte auf die Ebene P_2 entsprechen die ebenen Schnitte von F_3 dem folgendermaßen definierten Linearsystem von Kubiken in P_2: Alle k_3, die durch 3 feste Punkte eines gegebenen regulären Kegelschnitts k_2 hindurchgehen und in diesen Punkten entweder singulär sind oder mit k_2 gemeinsame Tangenten besitzen.

Beweis: Aus § 5, Satz 3 folgt sofort, daß bei Projektion der F_3 mit der Gleichung (4) auf die Ebene P_2 den ebenen der F_3 das Linearsystem von Kubiken

$$(5) \quad -\lambda_3 p_0 p_1 p_2 + (p_0 p_1 + p_0 p_2 + p_1 p_2)(\lambda_0 p_0 + \lambda_1 p_1 + \lambda_2 p_2) = 0$$

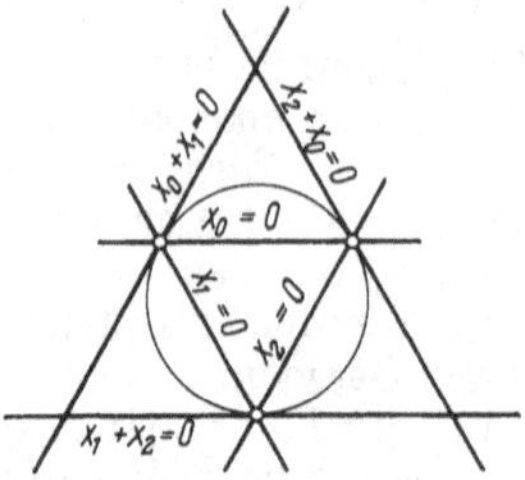

Abb. 1

zugeordnet ist. Man rechnet nun sofort aus, daß alle Kubiken, die bezüglich des Kegelschnitts

$$(6) \quad p_0 p_1 + p_0 p_2 + p_1 p_2 = 0$$

in den 3 Koordinatenecken das im Satz beschriebene Verhalten haben, eine Gleichung der Art (5) besitzen.

Es sei noch darauf hingewiesen, daß es in der Schar (5) zwei je in 3 Geraden zerfallende Kubiken gibt, und zwar

$$(7) \quad p_0 p_1 p_2 = 0 \text{ und } (p_0 + p_1)(p_0 + p_2)(p_1 + p_2) = 0 .$$

(s. Bild 1). Die erste davon ist der Verbindungsebene $x_3 = 0$ derjenigen 3 singulären Punkte von F_3 zugeordnet, aus denen nicht projiziert wurde; die andere entspricht der Ebene $E_2 < P_3$ mit der Gleichung:

$$x_0 + x_1 + x_2 + x_3 = 0, \tag{8}$$

die gleichfalls F_3 in 3 Geraden schneidet. Jedoch enthält zufolge Satz 2 diese E_2 keinen singulären Punkt von F_3 und berührt also nach § 2, Satz 1 die Fläche in 3 Punkten. Man nennt sie daher auch Tritangentialebene von F_3 und kann zeigen, daß die auf ihr liegenden Geraden die einzigen auf F_3 sind außer den 6 Verbindungen der 4 singulären Punkte.

Besonders interessant ist unsere Fläche F_3 dadurch, daß man das gemäß § 3 mit ihr verbundene Dualgebilde auch leicht aufstellen kann. Wir zeigen nämlich den

Satz 4: Eine Ebene $X_2 < P_3$ mit den Koordinaten (ξ_i) ist genau dann reguläre oder singuläre Tangentialebene der F_3 von der Gleichung (4), wenn die ξ_i die Beziehung:

$$\sqrt{\xi_0} + \sqrt{\xi_1} + \sqrt{\xi_2} + \sqrt{\xi_3} = 0 \tag{9}$$

bei irgendeiner Vorzeichenverteilung der Wurzeln erfüllen.

Beweis: Die Koordinaten (ξ_i) einer Tangentialebene unserer F_3 im Punkt (x_i) berechnen sich durch Ableiten von (4) zu

$$\begin{aligned} \xi_0 &= x_1 x_2 + x_1 x_3 + x_2 x_3, \\ \xi_1 &= x_0 x_2 + x_0 x_3 + x_2 x_3, \\ \xi_2 &= x_0 x_1 + x_0 x_3 + x_1 x_3, \\ \xi_3 &= x_0 x_1 + x_0 x_2 + x_1 x_2. \end{aligned} \tag{10}$$

Wir beschränken uns zunächst auf solche Punkte von F_3, bei denen keine Koordinate verschwindet. Dann folgt unter Berücksichtigung der Flächengleichung aus (10):

$$\begin{gathered} \xi_0 = \frac{1}{x_0}(x_0 x_1 x_2 + x_0 x_1 x_3 + x_0 x_2 x_3) = -\frac{x_0 x_1 x_2 x_3}{x_0^2}, \\ \xi_1 = -\frac{x_0 x_1 x_2 x_3}{x_1^2}, \ \xi_2 = -\frac{x_0 x_1 x_2 x_3}{x_2^2}, \ \xi_3 = -\frac{x_0 x_1 x_2 x_3}{x_3^2}, \end{gathered} \tag{11}$$

so daß die ξ_i die Beziehung (9) erfüllen. Umgekehrt sei (ξ_i) ein System von Zahlen, die alle nicht verschwinden und (9) erfüllen. Dann setzen wir

$$(12) \qquad x_0 = \frac{1}{\sqrt{\xi_0}}, \; x_1 = \frac{1}{\sqrt{\xi_1}}, \; x_2 = \frac{1}{\sqrt{\xi_2}}, \; x_3 = \frac{1}{\sqrt{\xi_3}}$$

mit denselben Bestimmungen der Wurzeln. Diese x_i erfüllen dann als Folge von (9) die Beziehung (4), so daß die ξ_i auch die Koordinaten einer Tangentialebene von F_3 sind. Es ist noch zu zeigen, daß der Satz auch da gilt, wo nicht alle Koordinaten ungleich 0 sind. Reguläre Punkte dieser Art von F_3 liegen nur auf den Koordinatenkanten, und man rechnet aus, daß z. B. für alle regulären Punkte auf der Kante $x_0 = x_1 = 0$ die Tangentialebene $x_0 + x_1 = 0$ ist und gleichzeitig Tangentialebene des Tangentenkegels im Doppelpunkt $A_0(0, 0, 0, 1)$. Für die Ebenen durch A_0 gilt $\xi_3 = 0$, und die Gleichungen der Berührungsebenen dieses Kegels sind offenbar dieselben wie die der Tangenten des Kegelschnitts in der Ebene $x_3 = 0$ mit der Gleichung

$$(13) \qquad x_0 x_1 + x_0 x_2 + x_1 x_2 = 0 .$$

Die Tangentenkoordinaten von (13) erfüllen jedoch die Beziehung

$$(14) \qquad \sqrt{\xi_0} + \sqrt{\xi_1} + \sqrt{\xi_2} = 0 .$$

Hiermit ist der Satz für alle singulären Tangentialebenen von F_3 durch A_0 und genau so auch für die durch die anderen 3 Ecken und damit vollständig bewiesen.

Wir ersetzen jetzt in (9) die ξ_i wieder durch die Punktkoordinaten x_i und schaffen durch dreimaliges Quadrieren die Wurzeln fort. Dann ergibt sich in

$$(15) \qquad \begin{aligned}(x_0^2 + x_1^2 + x_2^2 + x_3^2 - 2x_0x_1 - 2x_0x_2 - 2x_0x_1 \\ - 2x_1x_2 - 2x_1x_3 - 2x_2x_3)^2 - 64x_0x_1x_2x_3 = 0\end{aligned}$$

die Gleichung einer Fläche F_4 vom Grade 4, die man Steinersche Römerfläche nennt. Sie ist in unserer Erklärung die in Punktkoordinaten umgedeutete Dualfläche zur F_3 mit 4 Doppelpunkten. Die Beziehung zwischen der F_3 und F_4 ist wechselseitig. Hieraus folgen viele Eigenschaften der Steinerschen F_4, zu der man auch auf ganz anderem Wege gelangen kann. Wir erwähnen folgende Haupttatsachen über die F_4:

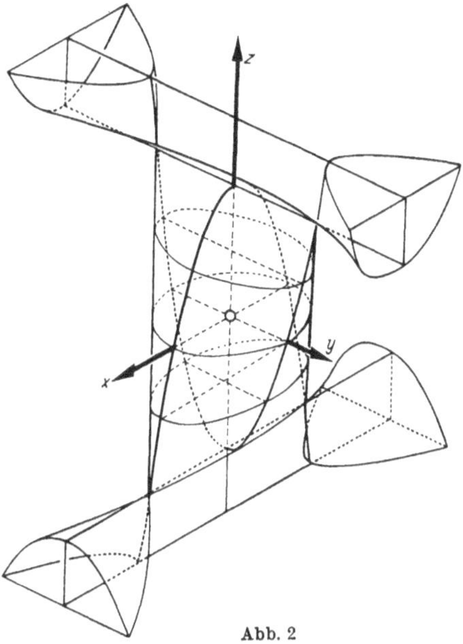

Abb. 2

a) Der Tritangentialebene (8) von F_3 entspricht ein Punkt $E_0\,(1, 1, 1, 1)$ der F_4 von der Vielfachheit 3.

b) Alle Punkte der 3 Geraden des P_0, die durch

$$(16)\qquad x_0 - x_1 = x_2 - x_3 = 0;\; x_0 - x_2 = x_1 - x_3 = 0;\; x_0 - x_3 = x_1 - x_2 = 0$$

definiert werden und die sich in E_0 schneiden, sind für die F_4 gleichfalls singulär, wie man am besten aus (15) abliest.

c) Den 4 konischen Doppelpunkten der F_3 entsprechen 4 singuläre Ebenen der F_4, und zwar die 4 Koordinatenebenen. Diese sind gemäß (15) ersichtlich dadurch ausgezeichnet, die F_4 in je einem doppelt zählenden Kegelschnitt zu schneiden.

Die Fläche mit der Gleichung

$$\frac{x^2}{1-z} + \frac{y^2}{1+z} = 1 \tag{17}$$

in kartesischen Koordinaten hat 4 singuläre Punkte $(\pm\sqrt{2}, 0, -1)$ und $(0, \pm\sqrt{2}, +1)$, wie man leicht ausrechnet. Bild 2 soll eine Anschauung dieser Fläche vermitteln.

§ 7. Einige Sätze über Geraden auf kubischen Flächen

In diesem Abschnitt wollen wir stets die Existenz mindestens einer Geraden auf der kubischen Fläche voraussetzen, ohne vorerst zu zeigen, daß es solche Geraden auch stets gibt. Der Existenzbeweis dafür soll erst im § 9 erbracht werden; im folgenden § 8 wollen wir erst die kubischen Regelflächen behandeln, die sich im Gegensatz zu den Verhältnissen bei den Quadriken hier als Sondertyp herausstellen werden.

Im § 5, Satz 1 sahen wir, daß jeder Punkt der Geraden G_1 singulär für die kubische Fläche F_3 ist, wenn dies für mehr als 2 Punkte von G_1 gilt. Wir wollen eine Gerade $G_1 < F_3$ mit lauter singulären Punkten kurz singulär nennen und beweisen darüber den

Satz 1. Eine irreduzible, kubische Fläche mit einer singulären Geraden S_1 ist Regelfläche und besitzt außerhalb von S_1 keinen weiteren singulären Punkt.

Beweis: F_3 sei eine irreduzible, kubische Fläche mit S_1 als singulärer Geraden. S_2 sei eine beliebige Ebene durch S_1. Wegen der Irreduzibilität von F_3 darf nicht ganz S_2 zu F_3 gehören. Das heißt aber, S_2 schneidet F_3 in einer Kubik k_3; diese k_3 ist in jedem Punkt von S_1 auch singulär, zerfällt also in die doppelt zählende Gerade S_1 und eine weitere, im allgemeinen von S_1 verschiedene Gerade G_1. Durch Veränderung von S_2 innerhalb des Büschels mit dem Träger S_1 findet man aber solche Geraden $G_1 < F_3$ durch einen beliebigen Punkt von F_3 außerhalb von S_1. Damit ist F_3 als Regelfläche erwiesen. Hätte F_3 noch einen singulären Punkt T_0 außerhalb von S_1, so müßte die Ebene $T_2 = S_1 \cup T_0$ die Fläche in einer zerfallenden Kubik k_3 schneiden, die in jedem Punkt von S_1 und in T_0 singulär ist. Solche k_3 gibt es aber nicht.

Die Schnittkurve einer beliebigen Ebene S_2, die die singuläre Gerade S_1 enthält, mit F_3 besitzt nun entweder einen einzigen dreifachen Punkt auf S_1, oder jeder Punkt von S_1 ist für sie dreifach, je nachdem ob die genannte Kurve aus 2 verschiedenen Geraden oder nur aus S_1 besteht. Hierüber gilt der

Satz 2. Gegeben sei eine irreduzible kubische Fläche mit der singulären Geraden S_1. Ordnet man jetzt dem Punkt $S_0 < S_1$ diejenigen Ebenen durch S_1 zu, für deren Schnitt S_0 dreifacher Punkt ist, so wird hierdurch eine (1, 2)-Korrespondenz $\varkappa$ definiert. Je nach dem Charakter von $\varkappa$ gilt dann folgendes:

a) Zerfällt $\varkappa$, so ist F_3 ein Kegel und umgekehrt

b) Zerfällt $\varkappa$ nicht, so ist F_3 kein Kegel, und alle Punkte von S_1 sind biplanar bis auf zwei oder einen uniplanaren Punkt, je nachdem ob $\varkappa$ regulär oder parabolisch ist.

Beweis: Wir wählen solche Koordinaten, daß S_1 durch $x_0 = x_1 = 0$ beschrieben wird. Dann hat F_3, wie wir schon wissen, eine Gleichung

$$(1) \qquad f = x_0^2(a_2x_2 + a_3x_3) + 2x_0x_1(b_2x_2 + b_3x_3) + x_1^2(c_2x_2 + c_3x_3) + d_0x_0^3 + 3d_1x_0^2x_1 + 3d_2x_0x_1^2 + d_3x_1^3 = 0;$$

darin verschwinden die a_i, b_i, c_i nicht alle, da dann F_3 ein Tripel von Ebenen durch S_1 wäre. Die Ebenen $S_2 > S_1$ setzen wir in der Parameterdarstellung:

$$(2) \qquad x_0 = \alpha\lambda,\ x_1 = \beta\lambda,\ x_2 = \mu,\ x_3 = \nu$$

an mit $(\alpha, \beta) \neq (0, 0)$. Die Schnittkurve der Ebene (2) mit F_3 hat in den (λ, μ, ν)-Parametern die Gleichung:

$$(3) \qquad \lambda^2[\alpha^2(a_2\mu + a_3\nu) + 2\alpha\beta(b_2\mu + b_3\nu) + \beta^2(c_2\mu + c_3\nu)] + \lambda^3[d_0\alpha^3 + 3d_1\alpha^2\beta + 3d_2\alpha^2 + d_3\beta^3] = 0.$$

Der Punkt $S_0(0, 0, \mu, \nu) < S_1$ ist hierfür nun dreifach gemäß (3), wenn

$$(4) \quad \alpha^2(a_2\mu + a_3\nu) + 2\alpha\beta(b_2\mu + b_3\nu) + \beta^2(c_2\mu + c_3\nu) = 0$$

gilt. (4) definiert die behauptete (1, 2)-Korrespondenz $\varkappa$. Zerfällt $\varkappa$, so läßt sich die Gleichung (1) von F_3 in der Form

$$(5) \quad \begin{aligned} f = (A_2x_2 + A_3x_3)(B_0x_0^2 + 2B_1x_0x_1 + B_2x_2^2) + d_0x_0 \\ + 3d_1x_0^2x_1 + 3d_2x_0x_1^2 + d_3x_1^3 = 0 \end{aligned}$$

schreiben. Für den Punkt $S_0(0, 0, A_3, -A_2) < F_3$ verschwinden alle zweiten Ableitungen von f in (5), d. h. F_3 ist ein Kegel mit der Spitze S_0. Ist umgekehrt F_3 ein Kegel mit der Spitze $S_0(0, 0, 0, 1)$ und der singulären Geraden S_1 $(x_0 = x_1 = 0)$, so tritt x_3 in der Gleichung (1) von F_3 nicht auf, d. h. es verschwinden a_3, b_3, c_3. Damit zerfällt jedoch die linke Seite von (4). Für die Flächen unseres Typs, die keine Kegel sind, bleiben somit nur noch diejenigen Fälle übrig, wo $\varkappa$ nicht zerfällt. Die zu dem Punkt $S_0 < S_1$ bei $\varkappa$ korrespondierenden beiden Ebenen sind ersichtlich gerade diejenigen, in die der Tangentialkegel von S_0 zerfällt. Alle so erklärten Paare von Ebenen durch S_1 bilden eine Involution, die regulär oder parabolisch sein kann. Im regulären Fall gibt es demnach zwei und im parabolischen Fall einen uniplanaren Punkt auf S_1, während alle übrigen Punkte von S_1 jeweils biplanar sind.

Die Gerade $G_1 < F_3$, wovon nunmehr im folgenden die Rede ist, soll nicht mehr singulär sein. Der folgende Satz bringt zunächst eine weitere Anwendung der in der Einleitung A behandelten (1, 2)-Korrespondenzen:

Satz 3. Gegeben sei die nicht singuläre Gerade G_1 auf der irreduziblen kubischen Fläche F_3. Die Ebene $G_2 > G_1$ möge mit F_3 nach Abspalten von G_1 den Kegelschnitt $k_2(G_2)$ gemein haben. Die Schnittpunkte

$$k_2(G_2) \frown G_1$$

ordnen wir dann G_2 zu. Dies ergibt bei Veränderung von G_2 innerhalb des Büschels mit der Trägergeraden G_1 eine (1, 2)-Korrespondenz $\varkappa$. Es ist $\varkappa$ genau dann regulär, wenn auf G_1 keine singulären Punkte von F_3 liegen.

Beweis: Wiederum sei G_1 die Gerade $x_0 = x_1 = 0$. Dann hat F_3 eine Gleichung der Gestalt:

$$(6)\qquad \begin{aligned} f = {} & x_0(a_{22}x_2^2 + 2a_{23}x_2x_3 + a_{33}x_3^2) + x_1(b_{22}x_2^2 + 2b_{23}x_2x_3 \\ & + b_{33}x_3^2) + x_0^2(a_2x_2 + a_3x_3) + 2x_0x_1(b_2x_2 + b_3x_3) \\ & + x_1^2(c_2x_2 + c_3x_3) + d_0x_0^3 + 3d_1x_0^2x_1 \\ & + 3d_2x_0x_1^2 + d_3x_1^3 = 0 . \end{aligned}$$

Da G_1 jetzt nicht für F_3 singulär sein sollte, dürfen nunmehr zum Unterschied gegen (1) in (6) nicht mehr gleichzeitig alle a_{ij} und b_{ij} verschwinden. Die Ebene $G_2 > G_1$ sei wieder in der Parameterdarstellung (2) gegeben. Die Gleichung des genannten Kegelschnitts $k_2(G_2)$ in der (λ, μ, ν)-Ebene ergibt sich, wenn man (2) in (6) einsetzt und λ abspaltet. Demnach berechnen sich die (μ, λ)-Koordinaten der Schnittpunkte $k_2(G_2) \frown G_1$ aus

$$(7)\qquad \begin{aligned} & \alpha(a_{22}\mu^2 + 2a_{23}\mu\lambda + a_{33}\lambda^2) \\ & \qquad + \beta(b_{22}\mu^2 + 2b_{23}\mu\lambda + b_{33}\lambda^2) = 0 . \end{aligned}$$

Dies definiert die behauptete Korrespondenz $\varkappa$. Ist $\varkappa$ nicht regulär, dann verschwinden entweder die a_{ij} oder die b_{ij}, oder

$$(8)\qquad \begin{aligned} a_{22}\mu^2 + 2a_{23}\mu\lambda + a_{33}\lambda^2 = 0 , \\ b_{22}\mu^2 + 2b_{23}\mu\lambda + b_{33}\lambda^2 = 0 \end{aligned}$$

haben mindestens eine Wurzel ($\mu = g_2$, $\lambda = g_3$) gemein. Verschwindet eines der beiden Polynome (8) identisch, so sei (g_2, g_3) eine Wurzel des anderen. In jedem Falle erweist sich durch leichte Rechnung der Punkt $G_0(0, 0, g_2, g_3) < G_1$ als singulär für F_3. Umgekehrt sei G_0 für F_3 singulär; dann müssen insbesondere die Ableitungen von f in (6) nach x_0 und x_1 verschwinden, wenn man in sie die Koordinaten von G_0 einsetzt. Dies heißt jedoch, die linken Seiten von (8) verschwinden für $\mu = g_2$, $\lambda = g_3$. Die quadratischen Gleichungen (8) haben also eine gemeinsame Wurzel, und die Korrespondenz $\varkappa$ ist nicht regulär.

Bei allen nicht regulären Korrespondenzen $\varkappa$ des Satzes 3 und nur bei diesen kommt folgendes vor: Es gibt mindestens eine Ebene durch S_1, zu der nicht nur 2 oder einer, sondern unendlich viele Punkte von S_1 korrespondieren. Dies ergibt eine Tatsache, die wegen ihrer späteren wichtigen Anwendung noch gesondert formuliert werde:

Satz 4. Die Gerade G_1 liege auf der irreduziblen Fläche F_3. Dann und nur dann, wenn G_1 einen singulären Punkt von F_3 enthält, gibt es einen ebenen Schnitt von F_3 durch G_1, der in die doppelt zählende Gerade G_1 und höchstens noch eine weitere zerfällt.

Wir wollen kurz solche ebenen Schnitte der F_3, die in 3 nicht notwendig verschiedene Geraden zerfallen, als voll zerfallend bezeichnen. Dann gilt der folgende

Satz 5. Auf der irreduziblen kubischen Fläche F_3 liege die Gerade G_1. Dann bestehen folgende Möglichkeiten:

a) Es gibt nur endlich viele und zwar höchstens 5 voll zerfallende ebene Schnitte durch G_1.

b) Alle ebenen Schnitte durch G_1 zerfallen voll.

Bei singularitätenfreien Flächen tritt b) nicht auf, und es gibt stets genau 5 voll zerfallende ebene Schnitte durch G_1.

Beweis: Wieder sei G_1 durch $x_0 = x_1 = 0$ beschrieben, so daß F_3 die Gleichung (6) hat. Setzt man in (6) die Parameterdarstellung (2) der Ebene $G_2 > G_1$ ein und spaltet λ ab, so entsteht die Gleichung des Kegelschnitts $k_2(G_2)$. Dieser zerfällt, wenn

$$
(9) \quad H(\alpha,\beta) = \begin{vmatrix} p_3(\alpha,\beta) & , q_2(\alpha,\beta) & , r_2(\alpha,\beta) \\ \frac{1}{2} a_2\alpha^2 + b_2\alpha\beta + \frac{1}{2} c_3\beta^2, & a_{22}\alpha + b_{22}\beta, & a_{23}\alpha + b_{23}\beta \\ \frac{1}{2} a_3\alpha^2 + b_3\alpha\beta + \frac{1}{2} c_3\beta^2, & a_{23}\alpha + b_{23}\beta, & a_{33}\alpha + b_{33}\beta \end{vmatrix} = 0
$$

gilt; dabei ist

$$
\begin{aligned}
p_3(\alpha,\beta) &= d_0\alpha^3 + 3d_1\alpha^2\beta + 3d_2\alpha\beta^2 + d_3\beta^3, \\
q_2(\alpha,\beta) &= \frac{1}{2} a_2\alpha^2 + b_2\alpha\beta + \frac{1}{2} c_2\beta^2 \\
r_2(\alpha,\beta) &= \frac{1}{2} a_3\alpha^2 + b_3\alpha\beta + \frac{1}{2} c_3\beta^2
\end{aligned}
$$

zur Abkürzung gesetzt. $H(\alpha, \beta)$ ist vom Grade 5, so daß folgende Möglichkeiten bestehen:

a) $H(\alpha, \beta)$ ist Produkt von höchstens 5 verschiedenen Linearfaktoren in α, β,

b) $H(\alpha, \beta)$ verschwindet identisch.

Hiermit ist der erste Teil des Satzes bewiesen. Wir nehmen jetzt an, F_3 sei singularitätenfrei und $G_2 > G_1$ eine Ebene, die F_3 voll zerfallend schneide. Zufolge Satz 4 besteht der Schnitt $G_2 \frown F_3$ dann aus 3 verschiedenen Geraden, und wir haben noch folgende Möglichkeiten zu unterscheiden:

1. $G_2 \frown F_3$ sind 3 Geraden ohne gemeinsamen Punkt
2. $G_2 \frown F_3$ sind 3 Geraden durch einen Punkt.

Zunächst liege 1. vor. Dann spezialisieren wir die Koordinaten so, daß G_2 zu $x_0 = 0$ wird und das Dreiseit $G_2 \frown F_3$ durch $x_1 x_2 x_3 = 0$ beschrieben ist. Dies bedingt, daß in (6) gilt:

$$b_{22} = b_{33} = c_2 = c_3 = d_3 = 0, \tag{10}$$

während

$$b_{23} \neq 0, \; d_2 \neq 0 \tag{11}$$

ist, da sonst f in (6) entweder den Faktor x_0 abspalten würde oder in x_1 linear wäre, so daß F_3 in (0, 1, 0, 0) eine Singularität besäße. Zufolge (10) lautet die Form $H(\alpha, \beta)$ aus (9) jetzt so:

$$H = -3 d_2 b_{23} \alpha \beta^4 + \text{höhere Potenzen in } \alpha. \tag{12}$$

Wegen (11) verschwindet H nicht identisch und hat die zur Ebene G_2 gehörige Wurzel (0, 1) nur in der Vielfachheit 1. Jetzt liege der Unterfall 2. vor. Die Koordinaten wählen wir so, daß G_2 wieder durch $x_0 = 0$ definiert wird und das von G_2 aus F_3 ausgeschnittene Geradentripel durch

$$x_1 x_2 (x_1 + x_2) = 0. \tag{13}$$

Dann ist in (6):

$$b_{23} = b_{33} = c_3 = d_3 = 0, \; b_{22} = c_2 \neq 0, \tag{14}$$

und ferner gilt

$$a_{33} \neq 0\,, \tag{15}$$

da sonst der Punkt (0, 0, 0, 1) für F_3 singulär wäre. $H(\alpha, \beta)$ wird jetzt:

$$H = -\frac{1}{4} c_2^2\, a_{33}\, \alpha\beta^4 + \text{höhere Potenzen in } \alpha\,, \tag{16}$$

verschwindet also wegen (14) und (15) nicht identisch und hat die zu G_2 gehörige Wurzel (0, 1) in der Vielfachheit 1. Damit ist auch der zweite Teil unseres Satzes bewiesen, da $H(\alpha, \beta)$ stets einfache Wurzeln hat.

Als abschließenden Satz dieses Abschnitts zeigen wir jetzt:

Satz 6. Wenn eine singularitätenfreie kubische Fläche eine Gerade enthält, so liegen auf ihr genau 27 verschiedene Geraden.

Beweis: Mit G_1 werde wieder die gegebene auf der singularitätenfreien Fläche F_3 liegende Gerade bezeichnet. Zufolge Satz 5 gibt es dann genau 10 Geraden auf F_3, die G_1 treffen und zu je 2 mit G_1 in einer Ebene liegen. Diese Geraden zugleich mit den von ihnen aufgespannten Ebenen seien:

$$\begin{gathered} A_1, A_1' < A_2,\ B_1,\ B_1' < B_2, C_1, C_1' < C_2, \\ D_1, D_1' < D_2, E_1,\ E_1' < E_2\,. \end{gathered} \tag{17}$$

Zunächst werde bemerkt, daß keine dieser 10 Geraden von einer anderen der Reihe (17) getroffen wird außer derjenigen, die in (17) mit dem gleichen Buchstaben bezeichnet ist. Denn wenn etwa A_1 und B_1 sich träfen, so müßte dies wegen der Verschiedenheit der Ebenen A_2 und B_2 in einem Punkt $G_0 < G_1$ stattfinden. Die Existenz von 3 nicht komplanaren Geraden A_1, B_1, G_1 durch G_0 auf F_3 bedingt jedoch, daß G_0 entgegen der Voraussetzung singulär für F_3 ist. Jede der 10 Geraden (17) besitzt nun ihrerseits 10 Geraden auf F_3, von denen sie getroffen wird. Zum Beispiel wird A_1 durch A_1' und G_1 und außerdem durch

$$X_1, X_1;\ Y_1, Y_1\colon\ Z_1, Z_1;\ U_1, U_1 \tag{18}$$

getroffen, wobei wir schon sahen, daß diese 8 Geraden (18) mit keiner der 10 Geraden (17) zusammenfallen. Die Geraden (18) schneiden aber auch nicht A_1'. Denn eine Gerade, die gleichzeitig A_1 und A_1' trifft, liegt entweder in der Ebene A_2 oder enthält den Punkt

$$A_0 = A_1 \cap A_1'.$$

In A_2 liegen nur die Geraden A_1, A_1' und G_1 aus F_3 und damit keine Gerade (18); durch A_0 darf aber auch keine nicht in A_2 liegende Gerade von F_3 gehen, da dann A_0 singulär wäre. Es gibt also noch 8 weitere von (17) und (18) verschiedene Geraden auf F_3:

$$(19) \qquad X_1', X_1'; \; Y_1', Y_1'; \; Z_1', Z_1'; \; U_1', U_1',$$

die A_1' schneiden. (17)—(19) sind mit G_1 zusammen 27 Geraden auf F_3. Angenommen T_1 wäre eine beliebige von A_1, A_1' und G_1 verschiedene auf F_3 liegende Gerade. Dann liegt T_1 nicht in der Ebene A_2, trifft A_2 also in einem Punkt, und dies muß ein Punkt von A_1, A_1' oder G_1 sein. Damit ist T_1 aber notwendig eine der 16 Geraden (18), (19). Hiermit ist unser Satz bewiesen.

Wir werden uns im § 9 mit der Konfiguration dieser 27 Geraden noch ausführlicher beschäftigen.

§ 8. Kubische Regelflächen

Unter den Regelflächen 3. Grades gibt es zunächst die Kegel. Diese entstehen im irreduziblen Fall dadurch, daß man alle Punkte einer nicht zerfallenden Kubik k_3 mit einem außerhalb der Ebene von k_3 liegenden Punkt S_0 verbindet. Je nachdem ob k_3 singularitätenfrei ist, einen Doppelpunkt oder eine Spitze besitzt, gibt es 3 entsprechende Klassen kubischer Kegel. Die Kegel der ersten Klasse haben außerhalb von S_0 keine singulären Punkte, für die Kegel der anderen beiden Klassen ist jeweilig eine ganze Gerade singulär.

Interessanter als die Kegel sind diejenigen kubischen Regelflächen, die keine Kegel sind. Bei ihnen werden wir 2 projektiv verschiedene Klassen finden. Zunächst zeigen wir den

Satz 1. Auf jeder kubischen Regelfläche F_3 gibt es mindestens eine Gerade H_1 von der Art, daß alle Schnitte von F_3 mit Ebenen durch H_1 voll zerfallen.

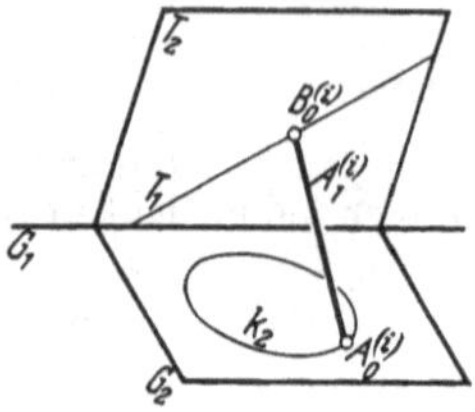

Abb. 3

Beweis: F_3 soll eine Regelfläche sein, besitzt also Geraden, die auf ihr liegen. G_1 sei eine solche Gerade. Erfüllt G_1 bereits die Bedingungen des Satzes, so sind wir fertig. Dies sei nicht der Fall: es gebe also eine Ebene $G_2 > G_1$, die mit F_3 außer G_1 noch den regulären Kegelschnitt k_2 gemein hat. $T_2 > G_1$ sei eine von G_2 verschiedene Ebene, deren Schnitt mit F_3 voll zerfällt (s. Bild 3). Gemäß § 7, Satz 5 gibt es solche Ebenen. Auf k_2 wählen wir jetzt außerhalb von G_1 die 20 Punkte

$$A_0^{(i)} \, (i = 1, 2, \ldots, 20). \tag{1}$$

Da F_3 eine Regelfläche sein sollte, gibt es durch die $A_0^{(i)}$ gewiß auf F_3 liegende Geraden

$$A_1^{(i)} \, (i = 1, 2, \ldots, 20), \tag{2}$$

die wegen der Wahl von (1) weder in G_1 noch in T_2 liegen. Wir setzen:

$$A_1^{(i)} \frown T_2 = B_0^{(i)} \qquad (i = 1, 2, \ldots, 20) \tag{3}$$

und wissen dann, daß diese Punkte $B_0^{(i)}$ außerhalb von G_1 liegen. Hieraus folgt, daß der Schnitt von T_2 und F_3 nicht bloß aus G_1 bestehen kann, sondern noch aus einer oder zwei weiteren Geraden, auf die sich die Punkte $B_0^{(i)}$ verteilen. Daraus schließen wir, daß mindestens 10 der Punkte $B_0^{(i)}$ (sie brauchen nicht notwendig verschieden zu sein) einer auf F_3 und T_2 liegenden Geraden T_1 angehören. Die Numerierung wählen wir so, daß

$$B_0^{(1)}, \ldots, B_0^{(10)} < T_1 \tag{4}$$

gilt. Dann schließen wir aus (3), daß T_1 von den 10 Geraden $A_0^{(1)}, \ldots, A_0^{(10)}$ getroffen wird. Höchstens jeweils 2 dieser Geraden können zusammen mit T_1 je die gleiche Ebene aufspannen. Das ergibt wenigstens 5 verschiedene Ebenen durch T_1, die F_3 voll zerfallend schneiden. T_2 ist eine davon verschiedene 6. Ebene mit der gleichen Eigenschaft. Zufolge § 7, Satz 5 erfüllt daher T_1 die Bedingung des vorliegenden Satzes.

Satz 2. Jede irreduzible kubische Regelfläche F_3, die kein Kegel ist, besitzt eine singuläre Gerade.

Beweis: Gegeben sei die von einem Kegel verschiedene, irreduzible kubische Regelfläche F_3, und T_1 sei eine Gerade auf F_3 von der Art, daß die Schnitte von F_3 mit den Ebenen durch T_1 alle voll zerfallen. Ist T_1 singulär, so sind wir fertig; dies sei also nicht der Fall, d. h. es ist nicht jeder Punkt von T_1 singulär. Dann zeigen wir zunächst, daß überhaupt kein singulärer Punkt auf T_1 liegen kann. Angenommen $T_0 < T_1$ wäre singulär. Dann schneidet jede Ebene durch T_1 die Fläche F_3 in einem Geradentripel mit T_0 als singulärem Punkt. Die Geradenpaare, die die Ebenen des T_1-Büschels außerhalb von T_1 noch mit F_3 gemein haben, enthalten also sämtlich T_0. Daraus folgt sofort, daß F_3 entweder selbst ein Kegel mit T_0 als Spitze ist oder einen solchen Kegel als Teil enthält. Beides widerspricht der Voraussetzung über F_3. Da somit auf T_1 kein singulärer Punkt liegt, entnehmen wir aus § 7, Satz 4, daß T_1 für keinen Schnitt mit einer Ebene des T_1-Büschels mehrfach zählt. Die beiden von T_1 verschiedenen Geraden dieser Schnitte bestimmen weiterhin auf T_1 gemäß § 7, Satz 3 eine reguläre Involution J. Wir wählen jetzt die Koordinaten so, daß T_1 durch $x_0 = x_1 = 0$ beschrieben wird und die Doppelpunkte von J:

$$T_0\,(0, 0, 1, 0) \text{ und } T_0'\,(0, 0, 0, 1)$$

sind. Es muß nun offenbar 2 verschiedene Ebenen $T_2 > T_1$ und $T_2' > T_1$ geben, für deren Schnittkurven mit F_3 je eine Gerade $G_1 > T_0$ und $G_1' > T_0'$ doppelt zählt, da anders die Doppelpunkte T_0 und T_0' von J nicht zustande kommen können. Dann lehrt aber wiederum der Satz 3 von § 7, daß

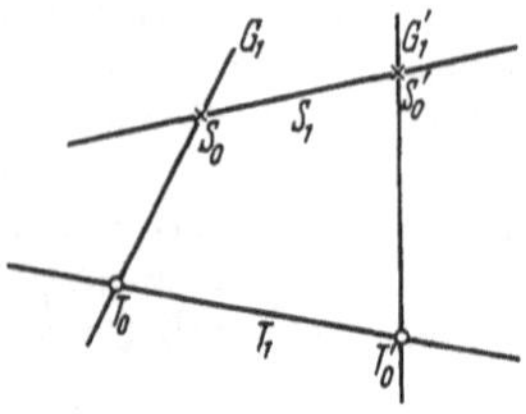

Abb. 4

F_3 auf G_1 und G_1' je mindestens einen singulären Punkt S_0 und S_0' besitzt (s. Bild 4). Auf T_1 dürfen S_0 und S_0' nicht liegen, und wegen der Verschiedenheit der Ebenen T_2 und T_2' schneidet auch ihre Verbindungsgerade S_1 die Gerade T_1 nicht. Wir können S_0 und S_0' daher als Punkte

$$S_0\,(1, 0, 0, 0) \text{ und } S_0'\,(0, 1, 0, 0)$$

eines Koordinatensystems annehmen. Benutzt man alle geschilderten Gegebenheiten, so ergibt sich für F_3 eine Gleichung in diesen Koordinaten mit nur noch 4 nicht notwendig verschwindenden Koeffizienten:

$$(5) \quad f = a_{22} x_0 x_2^2 + b_{33} x_1 x_3^2 + 2 b_2 x_0 x_{1x2} + 2 b_3 x_0 x_1 x_3 = 0\,.$$

Hierin muß, da F_3 nicht zerfallen sollte,

$$(6) \qquad a_{22} \neq 0, \; b_{33} \neq 0$$

gelten. Es sollten alle ebenen Schnitte durch T_1 voll zerfallen. Das bedeutet aber, die für (5) gebildete linke Seite von § 7 (9):

$$(7) \qquad -\alpha^2 \beta^2 (b_3^2 a_{22} \alpha + b_2^2 b_{33} \beta)$$

ist als Form in α, β identisch 0, also gilt:

$$(8) \qquad b_3^2 a_{22} = b_2^2 b_{33} = 0$$

und somit wegen (6)

$$(9) \qquad b_2 = b_3 = 0.$$

Die Gleichung von F_3 reduziert sich also zu

$$(10) \qquad a_{33} x_0 x_3^2 + b_{22} x_1 x_2^2 = 0\,,$$

d. h. die Gerade S_1 $(x_2 = x_3 = 0)$ ist singulär.

Wir können nunmehr leicht die kubischen Regelflächen projektiv klassifizieren. Es gilt darüber der

Satz 3. Abgesehen von den Kegeln gibt es 2 projektiv verschiedene Typen von kubischen Regelflächen, die sich so unterscheiden lassen:

a) Die sog. allgemeine Regelfläche mit der Normalgleichung

$$x_0x_3^2 + x_1x_2^2 = 0 \tag{11}$$

b) die sog. spezielle oder Cayleysche Regelfläche mit der Normalgleichung:

$$x_0x_3^2 + x_1x_2x_3 + x_2^3 = 0 . \tag{12}$$

Die Flächen a) besitzen außerhalb der singulären Geraden S_1 noch eine zu S_1 windschiefe Gerade T_1, die von allen übrigen Geraden der Fläche getroffen wird, während bei den Flächen b) keine solche Gerade existiert. Die Ebenenpaare der Tangentenkegel zu den Punkten von S_1 bilden im Fall a) eine reguläre Involution. Im Fall b) ist diese Involution parabolisch, d. h. die genannten Ebenenpaare bestehen aus allen Paaren (A_2, S_2), wo $A_2 > S_1$ fest und $S_2 > S_1$ beliebig ist. A_2 schneidet die Fläche in der dreifach zählenden Geraden S_1 (ist eine sog. Torsalebene), während es im Fall a) keine Ebene durch S_1 mit dieser Eigenschaft gibt.

Beweis: Gegeben sei die von einem Kegel verschiedene irreduzible kubische Regelfläche F_3. Besitzt F_3 außerhalb ihrer singulären Geraden S_1 noch eine auf ihr liegende Gerade T_1, die S_1 nicht trifft, so müssen die Schnittkurven mit Ebenen durch T_1, da sie ja alle noch je einen Punkt von S_1 enthalten, voll zerfallen; auf T_1 darf zufolge von § 7, Satz 1 kein weiterer singulärer Punkt von F_3 liegen, und wir kommen durch die Überlegungen im Beweis von Satz 2 dazu, F_3 durch eine Gleichung (10) darzustellen, welche durch geeignete Wahl des Einheitspunktes in (11) übergeht. Zufolge § 7, Satz 2 bilden die Ebenenpaare der Tangentialkegel in den Punkten von S_1 eine Involution, und diese ist ersichtlich bei der Fläche (11) regulär. Ist umgekehrt diese Involution J regulär, so liegen auf S_1 die beiden verschiedenen uniplanaren Punkte A_0, B_0. Dann wählen wir die Koordinaten (y_i) so, daß

$$A_0\,(1, 0, 0, 0) \text{ und } B\,(0, 1, 0, 0)$$

werden mit $x_3^2 = 0$ und $x_2^2 = 0$ als Doppelelementen von J. Die Gleichung von F_3 wird in diesen Koordinaten zu

$$\begin{aligned}(13)\qquad & a_0 y_0 y_3^2 + c_1 y_1 y_2^2 + d_0 y_2^3 + 3d_1 y_2^2 y_3 \\ & + 3d_2 y_2 y_3^2 + d_3 y_3^3 = 0;\end{aligned}$$

wegen der Regularität von J ist $a_0 \neq 0$ und $c_1 \neq 0$ und damit die Variablenänderung

$$\begin{aligned}(14)\qquad & x_0 = a_0 y_0 + 3d_2 y_2 + d_3 y_3,\ x_1 = c_1 y_1 + d_0 y_2 + 3d_1 y_3, \\ & x_2 = y_2,\ x_3 = y_3\end{aligned}$$

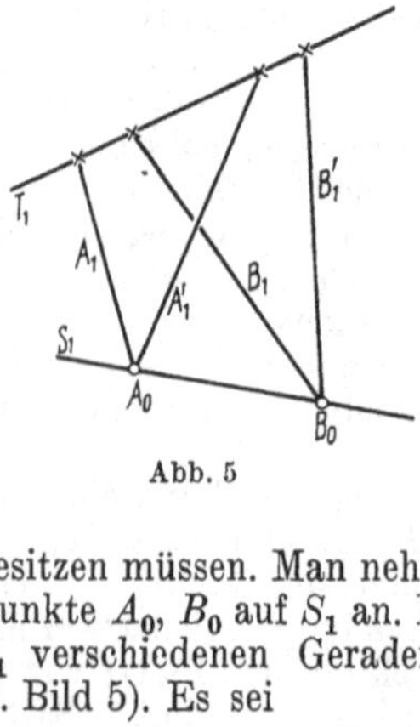

Abb. 5

zulässig, die (13) in (11) überführt. Die Existenz der zu S_1 windschiefen Geraden T_1 ($x_0 = x_1 = 0$) auf F_3 ergab sich dabei rechnerisch. Daß Flächen dieser Art keine Torsalebenen durch S_1 haben können, folgt einfach daraus, daß jede Ebene, die S_1 enthält, auch T_1 schneidet. Wir zeigen jetzt umgekehrt, daß Regelflächen mit singulärer Geraden S_1 ohne Torsalebenen auch noch eine zu S_1 windschiefe Gerade T_1 besitzen müssen. Man nehme dazu nur die beiden biplanaren Punkte A_0, B_0 auf S_1 an. Durch A_0, B_0 müssen dann die von S_1 verschiedenen Geraden A_1, A_1', B_1, B_1' auf F_3 gehen (s. Bild 5). Es sei

$$A_2 = A_1 \cup A_1',\ B_2 = B_1 \cup B_1'.$$

Weder A_2 noch B_2 können S_1 enthalten, auch darf keine der Geraden A_1, A_1' eine der Geraden B_1, B_1' schneiden, wie sofort aus dem Charakter von S_1 als singulärer Geraden folgt. Dann hat aber die Gerade $T_1 = A_2 \cap B_2'$ mit der Fläche 4 verschiedene Punkte gemein, liegt also ganz auf ihr und ist windschief zu S_1, also die fragliche Gerade. Jetzt sei F_3 eine Regelfläche mit der singulären Geraden S_1, bei der die obige Involution J parabolisch ist. Das kommt nach dem, was wir wissen und soeben gesehen haben, darauf hinaus, daß auf S_1

nur ein uniplanarer Punkt A_0 liegt mit der Torsalebene $A_2 > S_1$, die F_3 nur in S_1 schneidet. Wir wählen jetzt solche Koordinaten, daß

$$(15)\qquad S_1(x_2 = x_3 = 0),\ A_0(1, 0, 0, 0),\ A_2(x_3 = 0)$$

werden. Die Gleichung von F_3 hat darin die Gestalt:

$$(16)\qquad \begin{aligned} 2b_1 x_1 x_2 x_3 + x_3^2(c_0 x_0 + c_1 x_1) + d_0 x_2^3 + 3d_1 x_2^2 x_3 \\ + 3d_2 x_2 x_3^2 + d_3 x_2^3 = 0. \end{aligned}$$

Darin ist

$$(17)\qquad c_0 \neq 0,\ d_0 \neq 0,$$

da sonst x_0 in (16) nicht vorkäme, d. h. F_3 ein Kegel wäre oder die linke Seite von (16) zerfiele. Der Schnitt von (16) mit der Ebene B_2 $(x_1 = 0)$ ergibt die durch

$$(18)\qquad \begin{aligned} x_1 = 0;\ c_0 x_3^2 x_0 + d_0 x_2^3 + 3d_1 x_2^2 x_3 \\ + 3d_2 x_2 x_3^2 + d_3 x_3^3 = 0 \end{aligned}$$

beschriebene Kubik k_3. Diese zerfällt wegen (17) nicht, hat in A_0 eine Spitze, besitzt also, wie wir aus Band I, § 4 wissen, noch einen Wendepunkt W_0 mit der nicht A_0 enthaltenden Wendetangenten W_1 (s. Bild 6). In der Ebene $C_2 = S_1 \cup W_0$ liegt noch außer S_1 die Gerade $C_1 = C_0 \cup W_0$ von F_3, wobei $C_0 < S_1$ von A_0 gewiß verschieden ist. Wir legen die Koordinaten jetzt weiterhin so fest, daß neben (15) noch

$$C_0(0, 1, 0, 0),\ W_0(0, 0, 0, 1),\ W_1(x_0 = x_1 = 0)$$

gilt, was gewiß zulässig ist. Dann verschwinden in der Gleichung (16) von F_3 die Koeffizienten c_1, d_1, d_2, d_3, so daß übrigbleibt:

$$(19)\qquad 2b_1 x_1 x_2 x_3 + c_0 x_0 x_3^2 + d_0 x_2^3 = 0.$$

Hierin gelten die Ungleichungen (17), aber auch b_1 darf nicht verschwinden, da F_3 kein Kegel sein sollte. Durch geeignete Wahl des Einheitspunktes läßt sich mithin, wie behauptet, die F_3 dieses Typs in der Normalform (12) darstellen.

Man nennt die beiden Geraden S_1 und T_1 der allgemeinen Regelfläche F_3, die von allen übrigen Geraden der Fläche

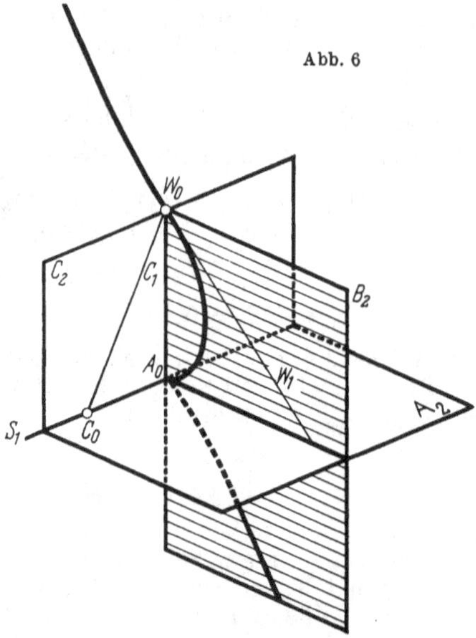

Abb. 6

getroffen werden, Leitlinien und die anderen unendlich vielen Geraden auf F_3 Erzeugenden. Im Fall der Cayleyschen Regelfläche fallen S_1 und T_1 zusammen, und diese Gerade ist gleichzeitig als Erzeugende und Leitlinie aufzufassen.

Auf den Regelflächen beider Typen gibt es ferner durch jeden Punkt, der nicht auf einer Leitgeraden liegt, unendlich viele nicht entartete Kegelschnitte. Man nennt diese Kegelschnitte, die ersichtlich von jeder Erzeugenden getroffen werden, auch Leitkurven.

Die allgemeine kubische Regelfläche wird dadurch erzeugt, daß man die Punkte einer Geraden S_1 auf die Punktepaare einer regulären Involution auf T_1 bezieht und Entsprechendes verbindet. Dies wird aus Bild 5 besonders deutlich. Eine entsprechende Erzeugung der Cayleyschen Regelflächen fehlt. Wir erwähnen aber noch im folgenden Satz Erzeugungen, die für beide Flächentypen gelten und auch die quadratischen Regelscharen als Sonderfall umfassen.

Satz 4: k_2 sei ein regulärer Kegelschnitt und T_1 eine nicht in der Ebene von k_2 gelegene Gerade des P_3. Man beziehe die Punkte von k_2 eineindeutig auf die Punkte von T_1 und verbinde Entsprechendes. Dann erhält man die Erzeugenden

a) einer allgemeinen kubischen Regelfläche, wenn T_1 und k_2 sich nicht treffen,

b) einer Cayleyschen Regelfläche, wenn T_1 und k_2 sich in A_0 schneiden, aber A_0 nicht auf sich bezogen ist,

c) einer quadratischen Regelschar, wenn T_1 und k_2 sich in A_0 schneiden und A_0 auf sich bezogen ist.

Der Beweis hierüber sei dem Leser überlassen. Es werde aber noch darauf hingewiesen, daß man alle 3 Arten von Regelflächen am besten durch Projektion einer sog. Normregelfläche Φ_3 des P_4 definiert. Diese Φ_3 wird erzeugt wie die Gebilde von Satz 4, nur trifft dabei T_1 die Ebene von k_2 überhaupt nicht mehr.

Von den vielen affinen und metrischen Sonderfällen der kubischen Regelflächen sei noch besonders das Zylindroid erwähnt. Es hat in Cartesischen xyz-Koordinaten eine Gleichung

$$(x^2 + y^2)\,z - 2hxy = 0 \quad (h \neq 0). \tag{20}$$

Die singuläre Gerade hierbei ist die z-Achse ($x = y = 0$), während die einfache Leitlinie T_1 die Ferngerade der Ebene $z = 0$ ist (s. Bild 7).

Für die allgemeine Fläche 3. Grades F_3 ist die geometrische und algebraische Beschreibung des gemäß § 3 mit F_3 verknüpften dualen Gebildes bereits nicht mehr ganz einfach. Dagegen dualisieren sich die Regelflächen dieses Abschnitts sehr leicht. Es gilt folgender, auch auf Regelflächen höherer Ordnung weitgehend zu verallgemeinernder

Satz 5. F_3 sei eine irreduzible, von einem Kegel verschiedene kubische Regelfläche. Dann ist die mit F_3 im

Sinne von § 3 verbundene duale Fläche $\hat{F}_3$ zu F_3 projektiv äquivalent.

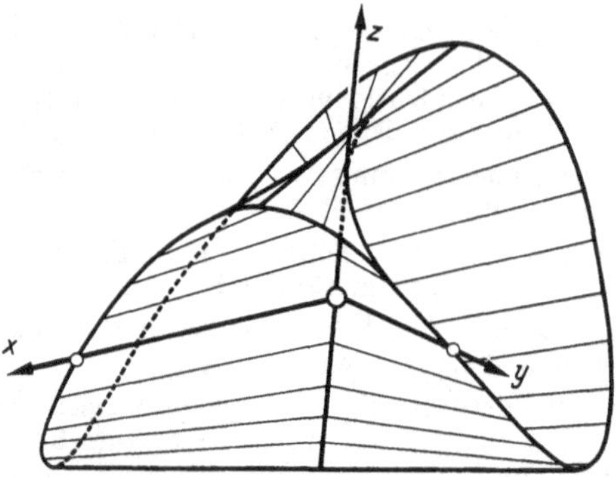

Abb. 7

Beweis: Wir gehen von den Normalgleichungen (11) und (12) für die beiden Typen kubischer Regelflächen aus und berechnen die Gleichungen, denen die Koordinaten (ξ_i) der zugehörigen Tangentialebenen genügen müssen. Im Falle (11) ergibt sich durch Ableiten:

$$\xi_0 = x_3^2,\ \xi_1 = x_2^2,\ \xi_2 = 2x_1x_2,\ \xi_3 = 2x_0x_3, \tag{21}$$

und hieraus folgt die Beziehung

$$\xi_0^2\xi_2 + \xi_1^2\xi_3 = 0. \tag{22}$$

Im Fall der Fläche (12) ergibt sich ebenso:

$$\begin{gathered}\xi_0 = x_3^2,\ \xi_1 = x_2x_3,\ \xi_2 = x_1x_3 + 3x_2^2, \\ \xi_3 = 2x_0x_1 + x_1x_2\end{gathered} \tag{23}$$

und hieraus die Beziehung:

$$\xi_0^2\xi_3 + \xi_0\xi_1\xi_2 - \xi_1^3 = 0. \tag{24}$$

Damit ist gezeigt, daß die Koordinaten der Tangentialebenen in den regulären Punkten von unseren Regelflächen die Beziehungen (22) bzw. (24) erfüllen. Das gilt dann auch für die Grenzlagen dieser Tangentialebenen, was ersichtlich die Ebenen durch S_1 sind. Wir gehen jetzt umgekehrt von den durch (22) bzw. (24) definierten Ebenenmengen $\hat{F}_3$ aus und sehen zunächst:

Die durch

$$\xi_0 = \xi_1 = 0 \tag{25}$$

definierten Büschelebenen gehören jeweils dazu, und diese Ebenen sind für die betr. $\hat{F}_3$ singulär. Im Fall (22) wird durch (25) die einfache Leitlinie T_1 und im Fall (24) die singuläre Gerade S_1 definiert. Für die zu F_3 gehörigen Ebenen außerhalb des Büschels (25) ergibt sich dann durch duale Rechnung, daß sie eine Fläche berühren, deren Punkte die Beziehungen (11) bzw. (12) erfüllen. Damit ist aber alles gezeigt.

Bemerkenswert ist, daß im Fall der allgemeinen kubischen Regelflächen die beiden Leitlinien S_1 und T_1 ihre Rollen vertauschen. Das bedeutet: Die Punkte von T_1 sind regulär, aber die Ebenen durch T_1 sind für das Gebilde $\hat{F}_3$ singulär. Dies geht schon daraus hervor, daß eine solche Ebene F_3 im allgemeinen in 2 verschiedenen Punkten berührt.

§ 9. Weiteres über die 27 Geraden der allgemeinen kubischen Fläche

Gemäß § 7, Satz 6 besitzt eine singularitätenfreie kubische Fläche mit einer Geraden sogar 27 Geraden. Es fehlt noch zu zeigen, daß stets eine Gerade auf der kubischen Fläche liegt. Dazu wollen wir auf einem zuerst von Geiser (1868) beschrittenen Wege die Geraden einer kubischen Fläche mit den Doppeltangenten einer ebenen Quartik in Beziehung bringen.

Die kubische Fläche F_3, die wir in diesem Abschnitt untersuchen, soll keine Regelfläche sein, d. h. F_3 hat gemäß § 8 höchstens endlich viele Gerade und singuläre Punkte. Der Punkt A_0 sei ein regulärer Punkt von F_3, durch den außerdem keine auf F_3 liegende Gerade gehen soll. Die Tangentialebene an F_3 in A_0 heiße $T_2(A_0)$. Wir wählen die Koordinaten im folgenden stets so, daß

(1) $A_0(0, 0, 0, 1)$ und $T_2(A_0)$ zu $x_2 = 0$ wird.

Die übrigen Eckpunkte des Systems sollen in Einklang mit (1) jeweils nach Bedarf festgelegt werden. Zunächst hat in jedem System, wo (1) gilt, F_3 eine Gleichung der Gestalt

(2) $$f \equiv x_3^2 x_2 + 2x_3 a_2(x_0, x_1, x_2) + a_3(x_0, x_1, x_2) = 0.$$

Wie wir in § 2 sahen, ergibt sich die Gleichung des Umrißkegels der Fläche F_3 vom Punkte A_0 aus dadurch, daß man x_3 zwischen (2) und

(3) $$\frac{\partial f}{\partial x_3} \equiv 2x_3 x_2 + 2a_2(x_0, x_1, x_2) = 0$$

eliminiert. Die bzgl. x_3 gebildete Resultante von (2) und (3) lautet:

(4) $$x_2(x_2 a_3 - a_2^2),$$

und nach Abspaltung von x_2 ergibt sich in

(5) $$\varphi = x_2 a_3(x_0, x_1, x_2) - a_2^2(x_0, x_1, x_2) = 0$$

die Gleichung eines Kegels 4. Grades mit der Spitze A_0, des sog. Umrißkegels $K_4(A_0)$ an F_3 von A_0 aus. Alle Schnittkurven von $K_4(A_0)$ mit Ebenen, die A_0 nicht enthalten, sind zueinander projektiv äquivalent, und (5) kann auch als Gleichung einer dieser Quartiken k_4 aufgefaßt werden und zwar derjenigen in der Ebene B_2 mit der Gleichung $x_3 = 0$. In B_2 ist die Gerade

(6) $$B_1 = B_2 \frown T_2(A_0)$$

ausgezeichnet, die durch $x_2 = x_3 = 0$ definiert wird. Gemäß (5) ist B_1 im allgemeinen Doppeltangente der k_4. Wir nennen diese k_4 mit der Gleichung (5) auch Umrißquartik $k_4(A_0)$, um ihre Abhängigkeit vom Punkte $A_0 < F_3$ anzudeuten. Da es nur auf den projektiven Charakter von $k_4(A_0)$ ankommt, ist ihre Abhängigkeit von der Ebene B_2 unwesentlich. Unter $k_4(A_0)$ werde daher im folgenden der Schnitt von $K_4(A_0)$ mit einer jeweils geeignet als $x_3 = 0$ angenommenen Ebene B_2 verstanden. Zunächst zeigen wir den

Satz 1. Die Umrißquartik $k_4(A_0)$ der Fläche F_3, gebildet für einen Punkt A_0, durch den keine auf F_3 liegende Gerade geht, besitzt genau dann einen singulären Punkt, wenn dies für F_3 der Fall ist.

Beweis: Zunächst sei der Punkt $B_0 < F_3$ singulär. Würde B_0 in der Ebene $T_2(A_0)$ liegen, so müßte die Schnittkubik von F_3 mit $T_2(A_0)$ außer in A_0 noch in B_0 singulär sein, also die damit auch auf F_3 liegende Gerade $A_0 \cup B_0$ als Teil abspalten, was gegen die Voraussetzung ist. B_0 liegt also außerhalb von $T_2(A_0)$ und kann dann in Einklang mit (1) als Punkt $B_0(0, 0, 1, 0)$ der Koordinaten gewählt werden. Dann darf x_2 in f, also auch wegen der Form (2) von f in a_2 und a_3 höchstens in erster Potenz vorkommen. Jetzt lehrt aber (5), daß x_2 in φ höchstens mit dem Exponenten 2 auftritt. Damit besitzt $k_4(A_0)$ jedoch eine Singularität. Umgekehrt habe $k_4(A_0)$, d. h. die Schnittkurve von $K_4(A_0)$ mit B_2, den singulären Punkt B_0. Dann unterscheiden wir die 2 Fälle:

$$\text{a) } B_0 < T_2(A_0), \quad \text{b) } B_0 \not< T_2(A_0).$$

Im Fall a) nehmen wir B_0 als (1, 0, 0, 0) an. Dann darf x_0 in φ höchstens in 2. Potenz auftreten. Dies kann aber wegen der Gestalt (5) von φ nur dadurch zustande kommen, daß in a_2 das Glied mit x_0^2 und in a_3 das mit x_0^3 fehlt. Damit liegt aber zufolge (2) die durch $x_1 = x_2 = 0$ definierte und A_0 enthaltende Gerade gegen die Voraussetzung auf F_3. Es muß also b) gelten. Dann werde B_0 als (0, 0, 1, 0) angenommen. Gemäß der Form (5) von φ darf dann x_2 in a_2 und a_3 höchstens in erster Potenz auftreten. Damit ist jedoch C_0 auch für F_3 singulär.

Wir nehmen nunmehr weiterhin an, F_3 sei singularitätenfrei. Dann gilt dies zufolge Satz 1 auch für die Umrißquartiken $k_4(A_0)$ von F_3, gebildet für Punkte A_0, durch die keine Gerade von F_3 geht. $K_4(A_0)$ ist der Kegel der von A_0 an F_3 gelegten Tangenten. Daraus folgt geometrisch leicht, daß die Tangentialebenen an $K_4(A_0)$ auch solche von F_3 sind. Wir zeigen dies jetzt rechnerisch im

Satz 2. $K_4(A_0)$ sei der Umrißkegel der singularitätenfreien Fläche F_3 vom Punkt A_0 aus, durch den keine Gerade auf F_3 geht. Dann ist jede Ebene durch A_0, die $K_4(A_0)$ berührt, auch Tangentialebene an F_3, und jede A_0 enthaltende Tangentialebene von F_3 berührt auch $K_4(A_0)$.

Beweis: F_3 und $K_4(A_0)$ mögen die Voraussetzungen des Satzes erfüllen, und $T_2(A_0)$ sei wieder die Tangentialebene von F_3 in A_0. Dann wissen wir bereits, daß $T_2(A_0)$ Tangentialebene von $K_4(A_0)$ ist, und zwar im allgemeinen Doppeltangentialebene, wie (5) lehrt. Wir können daher von einer Ebene $C_2 \neq T_2(A_0)$ ausgehen, die $K_4(A_0)$ längs der nicht in $T_2(A_0)$ liegenden Geraden C_1 berührt. Weil $K_4(A_0)$ Umrißkegel von F_3 ist, muß C_1 Tangente von F_3 in einem jetzt nicht in $T_2(A_0)$ liegenden Punkt C_0 sein. Unter Beibehaltung von (1) richten wir die Koordinaten weiter so ein, daß

$$(7) \qquad C_0(0, 0, 1, 0),\ C_2(x_1 = 0),\ \text{d. h. } C_1(x_0 = x_1 = 0)$$

werden. Dann muß in (2) gelten:

$$(8) \qquad a_2(0, 0, 1) = a_3(0, 0, 1) = 0.$$

Da nun C_2 den Kegel $K_4(A_0)$ mit der Gleichung (5) längs C_1 berührt, müssen wegen (7) in

$$(9) \qquad x_2 a_3(x_0, 0, x_2) - a_2^2(x_0, 0, x_2)$$

die Glieder mit x_2^4 und x_2^3 fehlen. Zufolge (8) tritt x_0^3 in a_3 nicht auf, also muß in a_2 das x_2^2 fehlen, wie (9) lehrt. Damit erweist sich C_2 aber als Tangentialebene an F_3 in C_0. Umgekehrt gehen wir von der Ebene $C_2 \neq T_2(A_0)$ aus, die F_3 in C_0 berührt. Da $C_0 \neq A_0$ ist, kann C_0 nicht in $T_2(A_0)$ liegen. Denn dann würde die Gerade $A_0 \cup C_0$ zu F_3 gehören. Durch C_0 legen wir die A_0 nicht enthaltende Ebene B_2. Die Gerade

$$C_1' = B_2 \cap C_2$$

ist dann Tangente von F in C_0, also auch Tangente der von B_2 aus $K_4(A_0)$ ausgeschnittenen Quartik k_4. Hiermit erweist sich aber die Ebene

$$C_2 = A_0 \cup C_1'$$

als Tangentialebene von $K_4(A_0)$.

Wichtig sind für uns jetzt die Doppel- und Flachtangenten der Umrißquartiken von F_3.

Satz 3. Unter den Voraussetzungen und Bezeichnungen der vorigen Sätze sei B_1' eine Doppel- oder Flachtangente der Schnittkurve k_4 des Umrißkegels $K_4(A_0)$ von F_3 mit der Ebene B_2, jedoch verschieden von der Geraden B_1, die in (6) definiert ist. Dann enthält die Ebene

$$A_2' = A_0 \cup B_1' \tag{10}$$

eine Gerade von F_3 und umgekehrt.

Beweis: Es liege die Schnittquartik

$$k_4 = B_2 \cap K_4(A_0)$$

des Umrißkegels $K_4(A_0)$ der F_3 vor, wobei die bisherigen Voraussetzungen über F_3, A_0 und B_2 gelten sollen. B_1' berühre k_4 in den beiden verschiedenen Punkten B_0' und B_0''. Dann berührt nach Satz 2 die Ebene (10) die Fläche F_3 in 2 verschiedenen Punkten C_0' und C_0'', die beide von A_0 verschieden sind und je auf den Geraden $A_0 \cup B_0'$ und $A_0 \cup B_0''$ liegen. Die Gerade $C_1 = C_0' \cup C_0''$ berührt jetzt F_3 in C_0 und C_0'', d. h. schneidet F_3 mindestens in der Vielfachheitssumme 4, liegt also auf F_3. Wir haben jetzt nur noch den Fall zu untersuchen, wo B_1' Flachtangente von k_4 ist. Dann mögen dieselben Koordinaten gewählt werden wie beim Beweis des vorigen Satzes. Die Flachpunktsbedingung ist nun, daß die Form (9) sich auf

$$\alpha x_0^4 \text{ mit } \alpha \neq 0$$

reduziert. Dies besagt aber wiederum: In a_3 fehlen die Glieder mit x_0^3 und x_2^3 und in a_2 das Glied mit x_0^2, und (2) lehrt, daß dann die Gerade $x_1 = x_2 = 0$ auf F_3 liegt. Umgekehrt sei C_1 eine Gerade auf F_3. Dann schneidet die Ebene $A_0 \cup C_1$ die Fläche F_3 in einer Kubik, die in C_1 und noch einen Kegelschnitt k_2 zerfällt. Schneidet C_1 den k_2 in zwei verschiedenen Punkten C_0' und C_0'', so ist gemäß § 2, Satz 1 die Ebene C_2 gleichzeitig Tangentialebene von F_3 in C_0' und C_0'' und zufolge des vorherigen Satzes auch Doppeltangentialebene von $K_4(A_0)$. Berührt C_1 den Kegelschnitt k_2 in C_0', so legen wir durch C_1 die A_0 nicht enthaltende Ebene B_2 und finden sofort, daß C_1 die Schnittquartik k_4 von $K_4(A_0)$ und B_2 nur in einem Punkt trifft, also Flachpunkttangente von k_4 ist.

Um die Geometrie der ebenen Quartiken für die kubischen Flächen auszunützen, benötigen wir noch folgenden

Hilfssatz. Es gibt keine Quartik k_4 ohne Punktsingularitäten, deren Dualgebilde als Liniensingularitäten nur Wendetangenten und eine Flachtangente besitzt.

Beweis: Nach der ersten Plückerformel haben die singularitätenfreien Quartiken die Klasse 12. Wir wenden den Hilfssatz jetzt ins Duale und haben demnach auszugehen von einer Kurve k_{12} der Klasse $m = 4$, die keine Liniensingularitäten besitzt und an Punktsingularitäten nur das duale Gegenstück S_0 einer Flachtangente. S_0 nennt man Spitzpunkt; er ist, wie leicht zu sehen, Ursprung eines Zweiges der Ordnung 3 und der Klasse 1. In geeigneten affinen Koordinaten mit S_0 als Ursprung hat k_{12} eine Gleichung der Art

(11) $$y^3 + x^4 + a_0 y^4 + \text{höhere Glieder} = 0$$

und mit der lokalen Entwicklung in S_0:

(12) $$y = x^{4/3} P(x).$$

Aus der 2. Gruppe von Plückerformeln (s. Bd. I, § 18) ergibt sich nun für die Anzahl s der Spitzen von k_{12} die Abschätzung

(13) $$s \leqq 24.$$

Setzt man jetzt in die Gleichung der Polaren $k_{11}(P_0)$ von k_{12} bzgl. eines beliebigen Punktes P_0 die Entwicklung (12) ein, so findet man 8 als mindeste, aber im allgemeinen erreichte Schnittvielfachheit in S_0 zwischen k_{12} und $k_{11}(P_0)$. Damit ist 8 die durch S_0 bewirkte Klassenreduktion von k_{12}; für jede Spitze ist diese Reduktion gleich 3. Die Klasse m von k_{12} ist demnach

(14) $$m = 12 \cdot 11 - 8 - 3 \cdot s.$$

Es sollte $m = 4$ sein. Aus (13) und (14) folgt jedoch $m \geqq 52$.

Nunmehr können wir erst die Existenz von Geraden auf allen kubischen Flächen sicherstellen.

Satz 4. Jede singularitätenfreie kubische Fläche besitzt 27 verschiedene Geraden.

Beweis: F_3 sei eine singularitätenfreie kubische Fläche und A_0 ein Punkt auf ihr. Geht durch A_0 eine Gerade von F_3, so besitzt F_3 zufolge § 7, Satz 6 sogar 27 Geraden, und wir sind fertig. Es gehe durch A_0 mithin keine Gerade von F_3. Dann ist die Umrißkurve $k_4(A_0)$ eine Quartik mit ausgezeichneter Geraden T_1, die Doppel- oder Flachtangente von $k_4(A_0)$ ist. Ist T_1 Doppeltangente, so besitzt $k_4(A_0)$ zufolge Bd. I, § 22 entweder Flachtangenten oder noch weitere 27 Doppeltangenten. Ist T_1 Flachtangente, so muß $k_4(A_0)$ auf Grund des Hilfssatzes noch von T_1 verschiedene Doppel- oder Flachtangenten besitzen. In jedem Fall gibt es gewiß außerhalb von T_1 noch Doppel- oder Flachtangenten von $k_4(A_0)$. Dann lehrt aber wieder der Satz 6 von § 7 die Existenz von 27 Geraden auf F_3.

Man kann nun leicht zu gegebener Quartik k_4 kubische Flächen F_3 mit k_4 als Umrißquartik konstruieren. Dazu hat man nur die Gleichung von k_4 unter Auszeichnung einer Doppel- oder Flachtangente T_1 in der Form (5) zu schreiben und von (5) nach (2) überzugehen. Je nach Belieben lassen sich dann Sätze über Doppeltangenten der Quartiken zu solchen über Geraden auf kubischen Flächen umdeuten oder umgekehrt. So folgt z. B. aus Satz 4 unmittelbar: Eine singularitätenfreie Quartik besitzt 28 Doppel- oder Flachtangenten. Wir wollen es vorziehen, im nächsten Abschnitt durch direkte Betrachtungen im P_3 weiteres über die 27 Geraden auf kubischen Flächen zu erfahren.

§ 10. Die Konfiguration der 27 Geraden einer kubischen Fläche

Die jetzt folgenden Betrachtungen beziehen sich stets auf eine bestimmte singularitätenfreie kubische Fläche F_3. Die Gesamtheit der gemäß § 7 auf F_3 liegenden 27 Geraden werde kurz 27-Konfiguration genannt und unter „Gerade" sei stets eine dieser 27 Geraden verstanden. Viele Einzelheiten über die 27-Konfiguration ergeben sich bereits aus folgenden Grundtatsachen:

a) Es können 3 Geraden der 27-Konfiguration niemals durch einen Punkt gehen, ohne in einer Ebene zu liegen (dieser Punkt wäre nämlich für F_3 singulär).

b) Jede Gerade G_1 der 27-Konfiguration wird durch 10 weitere geschnitten, die mit G_1 zu je zweien zusammen 5 verschiedene Ebenen aufspannen (s. § 7, Satz 5).

Es kann vorkommen, daß 3 Geraden durch einen Punkt P_0 gehen und eine Ebene aufspannen. P_0 heißt dann Eckardtpunkt. Die von 3 Geraden aufgespannten Ebenen sollen Tripelebenen heißen. Falls die Schnittpunkte der 3 Geraden in einer solchen Ebene voneinander verschieden sind, berührt sie die Fläche in 3 Punkten. Daher nennt man die Tripelebenen dann auch Tritangentialebenen. Über sie gilt der

Satz 1. Bei jeder 27-Konfiguration gibt es 45 Tripelebenen.

Beweis: Jede Gerade ist an 5 Tripelebenen beteiligt, und zu jeder Tripelebene gehören 3 Geraden. Hieraus folgt die behauptete Zahl 45.

Für weitere Schlüsse ist wichtig der

Satz 2. In einer 27-Konfiguration gibt es keine Teilmengen von 4 zueinander windschiefen Geraden, die alle von 3 anderen Geraden getroffen werden.

Beweis: Angenommen, es gäbe eine Teilmenge von 4 Geraden der beschriebenen Art innerhalb der 27-Konfiguration. Dann gehören diese Geraden bekanntlich einer wohlbestimmten Quadrik Q_2 an; diese Q_2 wird durch lauter Geraden erzeugt, welche die ersten 4 Geraden schneiden. Alle diese erzeugenden Geraden würden dann aber 4 Punkte mit F_3 gemein haben, also auf F_3 liegen, und F_3 würde in Q_2 und eine Ebene zerfallen.

Wir interessieren uns jetzt besonders für die Teilmengen der 27-Konfiguration, die aus lauter zueinander windschiefen Geraden bestehen. Diese Teilmengen mögen windschiefe Paare, Tripel usw. genannt werden. Die folgenden beiden Sätze handeln zunächst von den Paaren und Tripeln:

Satz 3. Es gibt genau 5 Geraden, die 2 gegebene, zueinander windschiefe Geraden der 27-Konfiguration gleichzeitig schneiden, und diese 5 Geraden bilden ein windschiefes Quintupel.

Beweis: Gegeben seien die zueinander windschiefen Geraden a_1, b_1 der 27-Konfiguration. Die 5 Tripelebenen durch a_1 schneiden b_1 in 5 verschiedenen Punkten, und durch jeden derselben geht mindestens eine a_1 treffende Gerade. Mehr als eine a_1 schneidende Gerade kann aber durch den Punkt $B_0 < b_1$ nicht gehen, da sonst B_0 für F_3 singulär wäre. Man erfaßt hierbei offenbar auch alle gemeinsamen Sekantengeraden von a_1 und b_1. Es sind dies 5 Geraden, deren Schnittpunkte mit a_1 und ebenso auch die mit b_1 voneinander verschieden sind. Würden 2 dieser 5 Geraden sich außerhalb von a_1 und b_1 schneiden, so müßten a_1 und b_1 eine Ebene aufspannen. Damit ist der Satz bewiesen.

Satz 4. Die Geraden eines windschiefen Tripels innerhalb der 27-Konfiguration werden von den 3 Geraden eines anderen Tripels geschnitten, d. h. diese Tripel treten stets paarweise auf, wobei jede Gerade des einen jede des anderen Tripels schneidet.

Beweis: Wir gehen von dem windschiefen Tripel a_1, b_1, c_1 innerhalb der 27-Konfiguration aus und wollen zeigen, daß jede zu a_1 und b_1 windschiefe Gerade und damit auch c_1 genau 3 der 5 gemeinsamen Sekanten

$$c_2, c_3, c_4, c_5, c_6 \tag{1}$$

von a_1 und b_1 schneidet. a_1 und b_1 spannen mit jeder der Geraden (1) je eine Ebene auf. Dies ergibt 10 Tripelebenen; in jeder derselben liegt noch je eine weitere von a_1, b_1 und (1) verschiedene Gerade. Diese 10 Geraden seien sinngemäß mit a_{1i} und b_{1i} bezeichnet. Wir überzeugen uns zunächst davon, daß die 17 Geraden

$$a_1, b_1, c_2, \ldots, c_6, a_{12}, \ldots, a_{16}, b_{12}, \ldots, b_{16} \tag{2}$$

alle untereinander verschieden sind. Dies gilt gewiß für die ersten 7 Geraden in (2). Ferner ist

$$a_1 \neq a_{1i}, \quad b_1 \neq b_{1i}, \quad c_i \neq a_{1i}, \quad c_i \neq b_{1i} \quad (i = 2, \ldots, 6),$$

da die 3 Geraden in Tripelebenen stets voneinander verschieden sind.

$$c_i = a_{1j}, \quad c_i = b_{1j} \quad (i \neq j)$$

ist jedoch unmöglich, da c_i und a_{1j}, bzw. c_i und b_{1j} bei $i \neq j$ in verschiedenen Ebenen liegen, die sich je nur in a_1, bzw. b_1 schneiden. Schließlich kann auch nicht $a_{1i} = b_{1j}$ sein, da sonst a_{1i} eine von (1) verschieden gemeinsame Treffgerade von a_1 und b_1 wäre. Es bleiben somit in der 27-Konfiguration außer (2) noch die 10 Geraden

$$(3) \qquad I, II, \ldots, X$$

übrig. Wir bemerken jetzt, daß c_i von a_{1j} bei $i \neq j$ nicht getroffen wird; denn c_i und a_{1j} würden dann eine Tripelebene mit a_1 als dritter Geraden aufspannen, was nur bei $i = j$ richtig ist. Ebenso ergibt sich, daß c_i und b_{1j} bei $i \neq j$ zueinander windschief liegen. Daraus folgt aber, daß von den 10 Geraden, die c_i treffen, nur

$$(4) \qquad a_1, b_1, a_{1i}, b_{1i}$$

zur Menge (2) gehören, während die übrigen 6 aus (3) zu entnehmen sind. Dies gilt für $i = 2, \ldots, 6$. Die 10 Geraden (3) treten mithin 30 mal als Treffgeraden von (1) auf. Es mögen h_I der Geraden $c_2, \ldots, c_6$ von $I, \ldots, h_X$ der Geraden $c_2, \ldots, c_6$ von X getroffen werden. Dann ist

$$(5) \qquad h_I + \cdots + h_X = 30$$

Es sind alle $h \leqq 3$, da man sonst einen Widerspruch zu Satz 2 hätte. Dann ist (5) aber nur so zu erfüllen, daß alle $h = 3$ sind. c_1 muß eine der Geraden (3) sein, so daß also unser Satz bewiesen ist.

Nachdem wir nunmehr wissen, daß jede der 10 Geraden (3) drei der Geraden (1) trifft, die restlichen beiden aber nicht, ist es zweckmäßig, sie neu zu benennen. Wir wollen mit $d_{ij} (i \neq j)$ diejenige Gerade der Menge (3) bezeichnen, die c_i und c_j nicht trifft, so daß (3) durch

$$(6) \qquad d_{23}, d_{24}, d_{25}, d_{26}, d_{34}, d_{35}, d_{36}, d_{45}, d_{46}, d_{56}$$

zu ersetzen ist. Jetzt gilt der

Satz 5. Die Geraden der 27-Konfiguration seien (2) und (6) in der sich aus Satz 4 ergebenden Bezeichnungsweise.

Dann werden die 45 Tripelebenen durch folgende Geradentripel aufgespannt:

(7) $(a_1, c_i, a_{1i}), \quad (b_1, c_i, b_{1i}) \quad (i = 2, \ldots, 6)$

(8) (c_i, d_{kl}, d_{mn}) [$(iklmn)$ = Permutationen von $(2, 3, 4, 5, 6)$]

(9) $(a_{1i}, b_{1j}, d_{ij}), \quad (a_{1j}, b_{1i}, d_{ij}) \quad (2 \leqq i < j \leqq 6)$.

Beweis: Die Zeile (7) hierin folgt einfach aus der Definition der Geraden a_{1i} und b_{1j}. Ferner wird c_2 durch die 10 Geraden

(10) $a_1, a_{12}, b_1, \quad b_{12}, d_{34}, \quad d_{35}, \ldots, d_{56}$

getroffen. 2 der 5 Tripelebenen, die c_2 mit den Geraden (10) bildet, stehen in der Zeile (7), bei den übrigen 3 sind außer c_2 nur d-Geraden beteiligt. Nun treffen aber z. B. d_{34} und d_{35} gleichzeitig die zueinander windschiefen Geraden c_2 und c_6, d. h. sie können sich nicht schneiden. Analoges gilt für andere Indizes. Daraus folgt, daß zwei d-Geraden aus (1) sich nur dann schneiden können, wenn ihre 4 Indizes alle verschieden sind. Die Zeile (8) ist damit bewiesen. Weiterhin schließen wir so: d_{23} trifft nicht c_2, c_3, a_1, b_1, muß aber mit den Tripelebenen (a_1, c_2, a_{12}) und (b_1, c_2, b_{12}) je einen Punkt gemein haben. Diese Punkte müssen dann je in a_{12} und b_{12} liegen. Ebenso folgt, daß d_{23} auch a_{13} und b_{13} schneidet. (b_{12}, b_1, c_2) bilden ferner eine Tripelebene, und a_{13} kommt in (10) nicht vor, schneiden also c_2 nicht; ebenso schneidet b_1 und a_{13} sich nicht, folglich müssen a_{13} und b_{12} sich treffen. Dies ergibt, für alle Indexkombinationen durchgeführt, die Zeile (9).

Satz 6. Innerhalb der 27-Konfiguration gibt es:

a) Einen Typ von windschiefen Quadrupeln mit 2 gemeinsamen Treffgeraden,

b) 2 Typen von windschiefen Quintupeln, 1. mit einer, und 2. mit zwei gemeinsamen Treffgeraden,

c) Einen Typ von windschiefen Sextupeln; hierbei gehören alle Teilquintupel zum Typ b 1., d. h. sie besitzen je eine gemeinsame Treffgerade. Die so definierten Treffgeraden bilden ein weiteres, dem ersten eineindeutig zugeordnetes Sextupel.

Beweis: Wir gehen von einem beliebigen windschiefen Tripel innerhalb der 27-Konfiguration aus und bezeichnen 2 Geraden davon mit a_1 und b_1 und die 3 gemeinsamen Treffgeraden des Tripels mit c_2, c_3, c_4. Dann ist in Übereinstimmung mit den Benennungen dieses Abschnitts die 3. Tripelgerade, da sie von c_2, c_3, c_4 getroffen wird, mit d_{56} zu bezeichnen (s. Bild 8). Die weiteren 21 Geraden mögen auch so benannt werden, daß wir es wieder mit den 27 Geraden (1), (2) und (6) wie beim Beweis der vorigen Sätze zu tun haben. Aus Satz 5 entnehmen wir jetzt, daß folgende 6 Geraden weder a_1, b_1 noch d_{56} treffen:

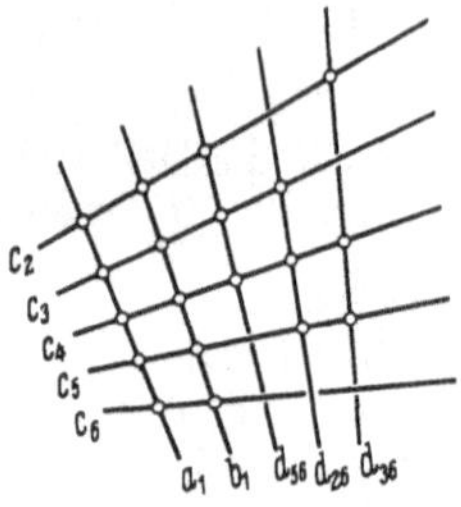

Abb. 8

(11) $$(d_{25}, d_{26}, d_{35}, d_{36}, d_{45}, d_{46}).$$

Ergänzt man a_1, b_1, d_{56} durch eine dieser Geraden (11) zu einem Quadrupel, so ergeben sich sofort 2 der Geraden c_2, c_3, c_4 als gemeinsame Transversalen dieses Quadrupels; z. B. werden

(12) $$(a_1, b_1, d_{25}, d_{56})$$

gleichzeitig von c_3 und c_4 geschnitten. Nur noch die Geraden

(13) $$(d_{26}, d_{35}, d_{45})$$

aus (11) liegen gleichzeitig zu allen 4 Geraden aus (12) windschief. Die beiden aus (12) und (13) gebildeten Quintupel:

(14) $$(a_1, b_1, d_{25}, d_{35}, d_{56}) \text{ und } (a_1, b_1, d_{25}, d_{45}, d_{56})$$

haben nur je eine gemeinsame Transversale, und zwar je c_4 bzw. c_5; das aus (12) und (13) entnommene Quintupel

(15) $$(a_1, b_1, d_{25}, d_{26}, d_{56})$$

hat jedoch c_3 und c_4 als gemeinsame Transversalen. Verlangt man jetzt, (15) zu einem windschiefen Sextupel zu ergänzen, so ist dies nicht möglich. Denn für diese Ergänzung kämen nur d_{35} oder d_{45} in Frage: aber d_{35} schneidet d_{26}, und d_{45} schneidet d_{26}. Dagegen ist dies bei den beiden Quintupeln (14) eindeutig möglich. Das erste Quintupel (14) führt z. B. zu dem Sextupel:

$$(a_1, b_1, d_{25}, d_{35}, d_{45}, d_{56}). \tag{16}$$

Diese Geraden (16) besitzen zu je 5 eine gemeinsame Treffgerade. Es entstehen dabei folgende 6 Geraden:

$$(b_{15}, a_{15}, c_2, c_3, c_4, c_6), \tag{17}$$

die offenbar wieder alle zueinander windschief sind. Hiermit ist aber unser Satz bewiesen.

Man nennt die Teilmengen von 12 Geraden (16) und (17) unserer 27-Konfiguration Doppelsechsen oder etwas genauer nach ihrem ersten Entdecker (1858) Schläflische Doppelsechsen. Zunächst gilt folgender

Satz 7. Es gibt 720 windschiefe Tripel innerhalb der 27-Konfiguration. Jedes dieser Tripel liegt in genau 2 Doppelsechsen. Die Zahl der Doppelsechsen beträgt 36.

Beweis: Die Überlegungen beim Beweis von Satz 4 lehren, daß es $27 \cdot 16 \cdot 10$ geordnete windschiefe Tripel innerhalb der 27-Konfiguration gibt. Hieraus folgt sofort die behauptete Zahl von 720 ungeordneten Tripeln. Wir bezeichnen die Geraden des gegebenen Tripels wie beim Satz 4 mit a_1, b_1, d_{23}, so daß ihre gemeinsamen Transversalen c_4, c_5, c_6 sind und benennen auch die übrigen Geraden mit (1), (2), (6) nach dem dort angegebenen Schema. Dann ergeben sich nur

$$d_{24}, d_{25}, d_{26}, d_{34}, d_{35}, d_{36} \tag{18}$$

als gleichzeitig zu a_1, b_1, d_{56} windschief. Aus (18) kann man aber nur die beiden Tripel

$$(d_{24}, d_{25}, d_{26}) \text{ und } (d_{34}, d_{35}, d_{36})$$

entnehmen, die (a_1, b_1, d_{23}) zu je einem windschiefen Sextupel ergänzen. Die 720 Tripel führen somit zu $720 \cdot 2$ Sextupeln, wobei aber jedes Sextupel 20 mal gezählt ist. Dies ergibt 72 Sextupel, die sich paarweise zu 36 Doppelsechsen zusammenfügen.

Man kann die Konfiguration der Doppelsechs auch unabhängig von der kubischen Fläche erklären, indem man etwa so vorgeht:

Gegeben seien die 5 paarweise zueinander windschiefen Geraden

(19) $$\alpha_1, \alpha_2, \alpha_3, \alpha_4, \alpha_5,$$

die eine gemeinsame Treffgerade α_6' besitzen. Zu je 4 haben die Geraden (19) außerdem weitere gemeinsame Treffgeraden, die mit α_i' bezeichnet werden, wenn sie je α_i nicht treffen. Zusammen mit α_6' ergibt dies die 6 Geraden.

(20) $$\alpha_1', \alpha_2', \alpha_3', \alpha_4', \alpha_5', \alpha_6',$$

von denen der Konstruktion nach 5 Quintupel je eine der Geraden (19) zu gemeinsamen Transversalen haben. Es ist dann folgender Satz von der Doppelsechs zu beweisen: Auch das sechste aus (20) zu bildende Quintupel $\alpha_1', \ldots, \alpha_5'$ besitzt eine gemeinsame Transversale α_6. Über den Beweis dieses Satzes vgl.[1]). Die 12 Geraden α_i und α_j' bilden dann eine Doppelsechs (s. Bild 9).

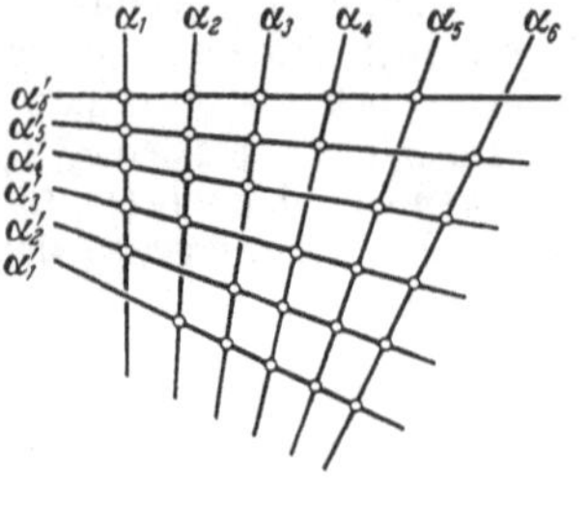

Abb. 9

Geht man von dem dualen Gegenstück einer singularitätenfreien F_3, d. h., einer kubischen Dualfläche $\hat{F}_3$ ohne singuläre Ebenen, aus, so ergibt sich gleichfalls eine wohlbestimmte Menge von 27 Geraden von der Art, daß alle Ebenen durch diese Geraden zu $\hat{F}_3$ gehören. Wir wollen diese Geradenmenge als „duale 27-Konfiguration" bezeichnen. Bei ihr kommt es niemals vor, daß 3 Geraden in einer Ebene liegen, ohne durch einen Punkt zu gehen, da diese Ebene dann für F_3 singulär wäre. Anstelle der 45 Tripelebenen gibt es 45 Punkte, durch die je 3 Geraden der Konfiguration gehen. Die duale 27-Konfiguration ist von der 27-Konfiguration daher wohl zu unterscheiden. Jedoch stimmen die Doppelsechsen, die man bei beiden Konfigurationen definieren kann, projektiv überein. Die Doppelsechs ist ihrer Definition nach ja in sich dual. Man kann zeigen (s. [1]), daß eine Doppelsechs bereits je eine F_3 und $\hat{F}_3$ bestimmt, der sie angehört. Wir begnügen uns mit folgendem

Satz 8. Ist die Doppelsechs der 12 Geraden

$$(21)\qquad \begin{pmatrix} \alpha_1, \alpha_2, \alpha_3, \alpha_4, \alpha_5, \alpha_6 \\ \alpha_1', \alpha_2', \alpha_3', \alpha_4', \alpha_5', \alpha_6' \end{pmatrix}$$

einer F_3 entnommen, so ergeben sich die restlichen 15 Geraden auf F_3 in der Form:

$$(22)\qquad c_{ij} = (\alpha_i \cup \alpha_j') \cap (\alpha_j \cup \alpha_i') \quad (i \neq j).$$

Ist (21) einer $\hat{F}_3$ entnommen, so ergeben sich die restlichen 15 Geraden der zugehörigen dualen 27-Konfiguration als

$$(23)\qquad c_{ij} = (\alpha_i \cap \alpha_j') \cup (\alpha_j \cap \alpha_i') \quad (i \neq j)$$

Beweis: Es genügt, den ersten Teil zu zeigen; der zweite Teil ergibt sich dann durch Dualisieren. Die durch (22) definierten Geraden c_{ij} haben nun mit der F_3 je 4 auf $\alpha_i, \alpha_j', \alpha_i', \alpha_j$ liegende Punkte gemein. Diese 4 Punkte sind im allgemeinen voneinander verschieden. Zusammenfallen können höchstens diejenigen, die auf α_i und α_j' oder auf α_j und α_i' liegen. Aber auch dann ergibt sich sofort, daß die Summe der Schnittvielfachheiten der Geraden (22) mit F_3 stets größer als 3 ist, d. h. diese Geraden liegen auf F_3. Ebenso sieht man, daß die Geraden (22) alle untereinander verschieden sind, sie ergänzen also die Doppelsechs zur vollen 27-Konfiguration.

Es sei noch erwähnt, daß die Bestimmung der 27 Geraden einer kubischen Fläche von einer Gleichung 27. Grades abhängt mit einer Galoisgruppe von 25920 Elementen. Auch

[1]) Hilbert und Cohn-Vossen, Anschauliche Geometrie, § 25.

aus dieser Gruppe, über die es wiederum mannigfache spezielle Untersuchungen gibt, lassen sich die Besonderheiten der 27-Konfiguration wie die Doppelsechsen usw. ablesen.

§ 11. Ebene Abbildung der kubischen Fläche

Im § 5 hatten wir die kubischen Flächen mit einem singulären Punkt S_0 der Vielfachheit 2 durch Projektion von S_0 aus auf die Ebene abgebildet und die Eigenschaften dieser Projektion näher untersucht. Auf diese Weise erhält man rationale Parameterdarstellungen für alle irreduziblen kubischen Flächen mit Singularitäten, ausgenommen die sog. elliptischen Kegel. Hierunter versteht man solche kubischen Kegel F_3, die außer ihrer Spitze T_0 keine weitere Singularität besitzen und die durch Projektion von T_0 aus in ebene elliptische Kubiken, d. h. solche vom Geschlecht $p = 1$ übergehen. Man kann zeigen, daß es unmöglich ist, die elliptischen Kegel auf die Ebene birational, d. h. im allgemeinen eineindeutig, zu beziehen. Es ist nun merkwürdig, daß dies für alle übrigen kubischen Flächen der Fall ist. In diesem Abschnitt wollen wir die singularitätenfreien kubischen Flächen auf die Ebene abbilden. Diese Abbildung kann nun nicht mehr durch einfache Projektion von einem Punkt S_0 aus bewirkt werden, sondern etwas umständlicher. Dazu ist lediglich die Existenz von 2 windschiefen regulären Geraden auf der Fläche F_3 vorauszusetzen, die es nur dann nicht gibt, wenn F_3 ein Kegel ist. Es genügt weiterhin, F_3 als singularitätenfrei vorauszusetzen; die beiden windschiefen Geraden auf F_3, die wir im folgenden auszeichnen wollen, sollen mit a_1 und b_1 benannt werden. Gemäß § 9 werden a_1 und b_1 durch 5 weitere auf F_3 liegende Geraden

$$(1) \qquad c_2, c_3, c_4, c_5, c_6$$

gleichzeitig geschnitten. Der Punkt $P_0 \lessdot F_3$ liege weder auf a_1 noch auf b_1, und durch P_0 geht eine wohlbestimmte Gerade P_1, die a_1 und b_1 trifft, d. h. der durch a_1, b_1 bestimmten linearen Kongruenz $L^{a,b}$ angehört (s. Einl. D). P_0 ordnen wir der Kongruenzgeraden P_1 zu. Diese Zuordnung wird auch auf die Punkte $P_0 < a_1$ oder b_1 in folgender Weise ausgedehnt: $P_0 < a_1$ habe die Tangentialebene $T_2(P_0)$; es ist $a_1 < T_2(P_0)$, und daher schneidet $T_2(P_0)$ die Gerade b_1 im Punkt P_0'. Wir ordnen dann P_0 die Gerade $P_0 \cup P_0' < L^{a,b}$ zu. Ebenso hat jeder Punkt von b_1 seine zugeordnete Gerade aus $L^{a,b}$. Umgekehrt sei

(2) $$P_1 = P^a \cup P^b \text{ mit } P_0^a < a_1, \; P_0^b < b_1$$

gegeben, wobei P_1 von den 5 Geraden (1) verschieden ist. Dann hat P_1 mit F_3 im allgemeinen außer P_0^a und P_0^b noch einen davon verschiedenen 3. Punkt P_0 gemein. P_1 wird jetzt P_0 zugeordnet. Speziell kann P_1 mit F_3 aber auch nur P_0^a und P_0^b gemein haben, wobei dann einer dieser Punkte mit der Vielfachheit 2 zählt. Je nachdem, ob dies für P_0^a oder P_0^b gilt, ist P_1 Tangente an F_3 in P_0^a oder P_0^b, und wir ordnen entsprechend P_1 einem dieser Punkte zu. Schließlich lassen wir den Geraden c_i jedem auf ihnen liegenden Punkt entsprechen. Wir haben somit eine Beziehung zwischen den Geraden von $L^{a,b}$ und den Punkten von F_3 hergestellt; diese Beziehung ist eineindeutig bis auf die Geraden (1) und die darin liegenden Punkte. Gemäß Einl. lassen sich nun die Geraden von $L^{a,b}$ eineindeutig den Punkten einer Quadrik Q_2 innerhalb der Plückerquadrik Q_4 zuordnen. Damit haben wir folgendes Ergebnis:

Satz 1. Die Punkte der regulären kubischen Fläche F_3 lassen sich im allgemeinen eineindeutig den Punkten der regulären Quadrik Q_2 zuordnen. Die Eineindeutigkeit ist dabei nur für die Punkte von 5 Geraden (1) auf F_3 gestört, denen je die Punkte

(3) $$C_2, C_3, C_4, C_5, C_6, < Q_2$$

entsprechen.

Wir legen jetzt durch die Gerade c_2 eine weder a_1 noch b_1 enthaltende Ebene E' (s. Bild 10) und führen noch die Bezeichnungen

(4) $$C_3' = c_3 \cap E', \ldots, C_6' = c_6 \cap E',$$
$$C_1' = c_2 \cap a_1, \; C_2' = c_2 \cap b_1$$

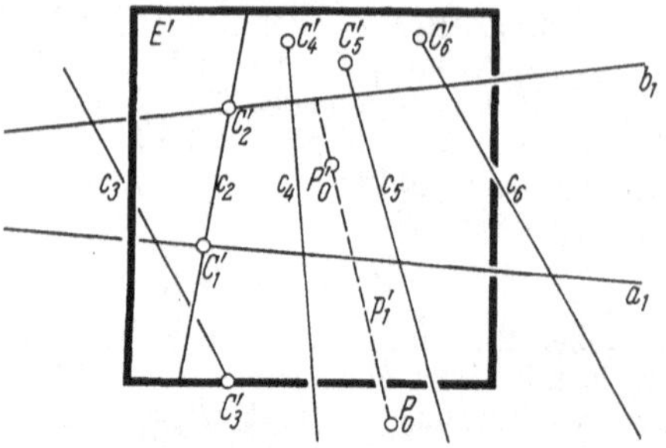

Abb. 10

ein. Dann werden die Geraden der Kongruenz $L^{a,b}$ durc] Schnitt mit E' auf die Punkte von E' bezogen, und diese Beziehung ist gleichwertig zur stereographischen Projektion voı Q_2 aus dem Projektionszentrum C_2 (s. Einl. D). Hiermit ist zufolge Satz 1 auch die F_3 auf E' im allgemeinen eineindeutig bezogen. Diese Beziehung pflegt man schiefe Projektion zu nennen. Darüber gilt genauer folgender

Satz 2. Die reguläre kubische Fläche F_3 werde durch die soeben beschriebene schiefe Projektion auf die Ebene E' bezogen. Dann ist diese Beziehung eineindeutig mit folgenden Ausnahmen: Gewisse Punkte in E':

(5) $$C'_1, C'_2, C'_3, C'_4, C'_5, C'_6$$

sind allen Punkten je einer der Geraden

(6) $$b_{12}, a_{12}, c_3, c_4, c_5, c_6$$

einer halben Doppelsechs auf F_3 zugeordnet.

Beweis: F_3 sei auf E' durch schiefe Projektion bezogen (s. Bild 10). Die Punkte $C'_i < E'$ seien gemäß (4) definiert. $P'_0 < E'$ sei ein von (5) verschiedener Punkt, der auch nicht auf c_2 liege. Dann geht durch P'_0 eine wohlbestimmte Gerade $P'_1 < L^{a,b}$, die nicht auf F_3 liegt. Ist P'_1 keine Tangente, so schneidet P'_1 die Fläche in je einem Punkt von a_1, b_1 und noch einem nicht auf a_1, b_1 gelegenen Punkt P_0. Man hat dann P_0 und P'_0 einander zuzuordnen. Ist P'_1 Tangente von F_3, so muß der Berührungspunkt auf a_1 oder b_1 liegen und ist dann P'_0 zuzuordnen. Liegt P'_0 auf c_2, aber verschieden von C'_1 und C'_2, so entspricht er sich selber. Bei $P'_0 = C'_1$ treffen die Kongruenzgeraden, die P_0 enthalten, alle die oben mit b_{12} bezeichnete Gerade von F_3, ebenso treffen die Kongruenzgeraden durch C'_2 alle a_{12}. Somit hat man C'_1 und C'_2 je allen Punkten von C_{12} und a_{12} zuzuordnen. Schließlich ist es evident, daß $C'_i (i > 2)$ allen Punkten von c_i entsprechen muß. Die Beziehung zwischen F_3 und E' ist somit beschrieben.

Satz 3. In der Beziehung von Satz 2 ist weiter zugeordnet:

a) die 6 Geraden der Ergänzungssechs von (6) $a_1, b_1, d_{23}, d_{24}, d_{25}, d_{26}$ je den Kegelschnitten $k'_{(1)}, k'_{(2)}, k'_{(3)}, k'_{(4)}, k'_{(5)}, k'_{(6)}$ auf E',

b) die 15 Geraden $c_2, a_{13}, a_{14}, a_{15}, a_{16}, b_{13}, b_{14}, b_{15}, b_{16}, d_{34}, d_{35}, d_{36}, d_{45}, d_{46}, d_{56}$ je den Geraden $g'_{12}, g'_{13}, \ldots, g'_{16}, g'_{23}, \ldots, g'_{26}, g'_{56}, g'_{46}, \ldots, g'_{34}$.

Dabei bedeutet $k'_{(i)}$ den durch die 5 der 6 Punkte (5) außer C'_i gehenden Kegelschnitt und $g'_{ij} = C'_i \cup C'_j$; die 6 Kegelschnitte $k'_{(i)}$ sind alle verschieden.

Beweis: Wir betrachten zuerst die Gerade $a_1 < F_3$. Zufolge § 8 und § 7, Satz 3 erzeugen diejenigen Tangenten von F_3, die in den Punkten von a_1 berühren und b_1 treffen, eine kubische Regelfläche $R_3^{a,\bar{b}}$ mit b_1 als Doppelgerade. $R^{a,\bar{b}}$ enthält die 5 Geraden $c_2, \ldots, c_6$ und schneidet E' außer in der Geraden c_2 noch in einem Kegelschnitt k'_1, der gewiß $C'_2, \ldots, C'_6$ enthält. Analog erzeugen diejenigen Tangenten von F_3, die in den Punkten von b_1 berühren und a_1 treffen, eine Regelfläche $R_3^{\bar{a},b}$ mit a_1 als Doppelgerade, die mit E' die Gerade c_2 und einen $C'_1, C'_3, \ldots, C'_6$ enthaltenden Kegelschnitt gemein hat. Wäre nun $k'_1 = k'_2$, so ergäbe sich sofort $F_3^{a,\bar{b}} = F_3^{\bar{a},b}$. Dies würde jedoch bedeuten, F_3 hat unendlich viele Tangenten, die gleichzeitig in Punkten von a_1 und b_1 berühren, also auf F_3 liegen, während F_3 keine Regelfläche sein sollte. Weiterhin erzeugen alle Geraden von $L^{a,b}$, die d_{21} treffen, eine Quadrik, die E' in einem Kegelschnitt $k'_{(i)}$

schneidet, der alle Punkte (5) außer C_i' enthält. Somit ist der Teil a des Satzes bewiesen. Der Teil b für die Geraden c_2, a_{li}, b_{li} ergibt sich unmittelbar; für die weiteren nehmen wir als Beispiel d_{34}. Die Gesamtheit aller d_{34} treffenden Geraden von $L^{a,b}$ erzeugt eine Quadrik, die c_2, c_5, c_6 enthält, d. h. E' in c_2 und der Verbindungsgeraden g_{56}' von C_5' und C_6' schneiden muß.

Wir untersuchen jetzt noch rechnerisch die Abbildungen der letzten beiden Sätze. Dazu wählen wir solche Koordinaten, daß folgende 4 Geraden auf F_3 durch Nullsetzen gewisser Koordinaten beschrieben werden:

$$a_1 : x_2 = x_3 = 0,\ b_1 : x_0 = x_1 = 0,\ c_2 : x_0 = x_3 = 0,\quad c_3 : x_1 = x_2 = 0. \tag{7}$$

Dann reduziert sich die Gleichung von F_3 auf:

$$\begin{aligned} x_0(a_{22}x_2^2 + 2a_{23}x_2x_3) + x_1(2b_{23}x_2x_3 + b_{33}x_3^2) \\ + \alpha_2x_0^2x_2 + 2x_0x_1(\beta_2x_2 + \beta_3x_3) + \gamma_3x_1^2x_3 = 0. \end{aligned} \tag{8}$$

Eine Gerade $P_1' < L^{a,b}$ hat wegen (7) die Parameterdarstellung:

$$x_0 = \lambda\mu_0,\ x_1 = \lambda\mu_1,\ x_2 = \mu v_0,\ x_3 = \mu v_1 \tag{9}$$

und die Plückerkoordinaten

$$p_{01} = p_{23} = 0,\ p_{02} = u_0v_0,\ p_{03} = u_0v_1,\quad p_{12} = u_1v_0,\ p_{13} = u_1u_1. \tag{10}$$

Setzt man (9) in (8) ein, bestimmt daraus die Parameter des dritten im allgemeinen nicht auf a_1 oder b_1 gelegenen Schnittpunktes P_0 von P_1' und F_3 und setzt die so gefundenen λ, μ-Werte in (9) ein, so ergibt sich

$$\begin{aligned} x_0 &= -u_0^2(a_{22}v_0^2 + 2a_{23}v_0v_1) - u_0u_1(2b_{23}v_0v_1 + b_{33}v_1^2) \\ x_1 &= -u_0u_1(a_{22}v_0^2 + 2a_{23}v_0v_1) - u_1^2(2b_{23}v_0v_1 + b_{33}v_1^2) \\ x_2 &= \alpha_2u_0^2v_0^2 + 2u_0u_1(\beta_2v_0^2 + \beta_3v_0v_1) + \gamma_3u_1^2v_0v_1 \\ x_3 &= \alpha_2u_0^2v_0v_1 + 2u_0u_1(\beta_2v_0v_1 + \beta_3v_1^2) + \gamma_3u_1^2v_1^2 \end{aligned} \tag{11}$$

Zufolge (10) läßt sich (11) auch in der Form

$$(12)\quad \begin{aligned} x_0 &= -a_{22}p_{02}^2 - 2a_{23}p_{02}p_{03} - 2b_{23}p_{02}p_{13} - b_{30}p_{03}p_{13} \\ x_1 &= -a_{22}p_{02}p_{12} - 2a_{23}p_{02}p_{13} - 2b_{23}p_{12}p_{13} - b_{33}p_{13}^2 \\ x_2 &= \alpha_2 p_{02}^2 + 2\beta_3 p_{02}p_{12} + 2\beta_3 p_{02}p_{13} + \gamma_3 p_{12}p_{13} \\ x_3 &= \alpha_2 p_{02}p_{03} + 2\beta_2 p_{02}p_{13} + 2\beta_3 p_{03}p_{13} + \gamma_3 p_{13}^2 \end{aligned}$$

schreiben, wobei die p_{ij} die Gleichung der $\tilde{Q}_2$:

$$(13)\qquad p_{02}p_{13} - p_{03}p_{12} = 0$$

erfüllen müssen. Durch (11) oder (12) und (13) wird die Abbildung von Satz 1 algebraisch beschrieben. Um auch die Beziehung von Satz 2 rechnerisch zu erfassen, nehmen wir E' als die Ebene

$$(14)\qquad x_0 - x_3 = 0$$

an. Gemäß der Einleitung D wird dann die Beziehung zwischen den Geraden der Kongruenz $L^{a,\,b}$ und den Punkten

$$P_0'(y_0, y_1, y_2, y_0) < E'$$

durch

$$(15)\qquad p_{02} = y_0y_2,\ p_{03} = y_0^2,\ p_{12} = y_1y_2,\ p_{13} = y_0y_1$$

beschrieben. Wir haben jetzt (15) in (12) einzusetzen. Dies ergibt nach Unterdrückung des gemeinsamen Faktors y_0 auf den rechten Seiten die Formeln:

$$(16)\qquad x_0 = y_0\psi,\ x_1 = y_1\psi,\ x_2 = y_2\varphi,\ x_3 = y_0\varphi,$$

wobei

$$(17)\qquad \psi \equiv -a_{22}y_2^2 - 2a_{23}y_0y_2 - 2b_{23}y_1y_2 - b_{33}y_0y_1$$

$$(18)\qquad \varphi \equiv \alpha_2 y_0y_2 + 2\beta_2 y_1y_2 + 2\beta_3 y_0y_1 + \gamma_3 y_1^2$$

gesetzt ist. Was wir aus der rationalen Parameterdarstellung (16) der F_3 noch weiter entnehmen, sei im folgenden Satz ausgedrückt:

Satz 4. Bei der durch die schiefe Projektion vermittelten Abbildung der regulären kubischen Fläche F_3 auf die Ebene E' werden die ∞^3 ebenen Schnittkurven von F_3 dem Linearsystem aller Kubiken durch die 6 Punkte (5) zugeordnet.

Umgekehrt wird auch durch das System aller Kubiken, die 6 nicht einem Kegelschnitt angehörige Punkte der Ebene enthalten, stets die ebene Abbildung einer projektiv bestimmten, regulären F_3 beschrieben.

Beweis: Unsere F_3 sei in der Parameterdarstellung (16) gegeben. Dann entspricht den Punkten der in der Ebene

$$\lambda_0 x_0 + \lambda_1 x_1 + \lambda_2 x_2 + \lambda_3 x_3 = 0 \tag{19}$$

gelegenen Teilkurve von F_3 die durch

$$\lambda_0 y_0 \psi + \lambda_1 y_1 \psi + \lambda_2 y_2 \varphi + \lambda_3 y_0 \varphi = 0 \tag{20}$$

in der Parameterebene E' definierte Kubik. Dabei ist E' auf die (y_0, y_1, y_2) als projektive Koordinaten bezogen. Die Eckpunkte dieser Koordinaten sind in unserer früheren Bezeichnung:

$$C_1'(0, 1, 0),\ C_2'(0, 0, 1),\ C_3'(1, 0, 0). \tag{21}$$

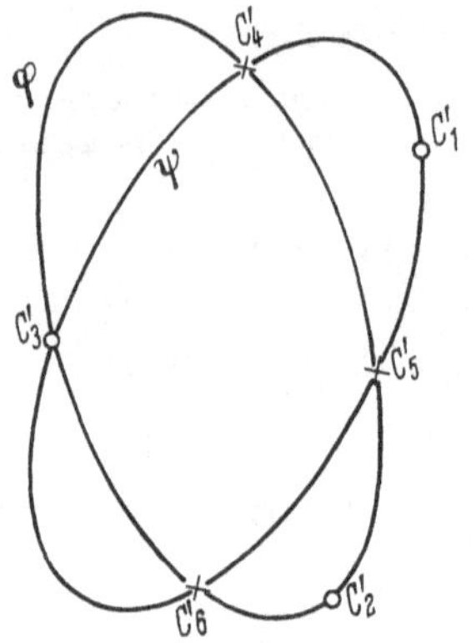

Abb. 11

Wir nennen φ, ψ vorübergehend die durch $\varphi = 0$ und $\psi = 0$ definierten Kegelschnitte in E_1'. Dann ist aus (17), (18) ersichtlich, daß

$$C_1', C_3' < \psi,\quad C_2', C_3' < \varphi$$

gilt. Es ist ferner

$$C_1' \not< \varphi,\quad C_2' \not< \psi \quad \text{(s. Bild 11)},$$

da sonst γ_3 oder b_{33} verschwinden würden. Aus (8) ergibt sich jedoch, daß F_3 bei $\gamma_3 = 0$ oder $b_{33} = 0$ nicht singularitätenfrei sein kann. Aus (20) entnehmen wir nun weiterhin: Die Kubiken des Linearsystems (20) enthalten alle C_1', C_2', C_3' und sämtliche außer C_3' noch vorhandenen gemeinsamen Punkte von φ und ψ, und jeder Punkt von E', für den gleichzeitig alle rechten Seiten in (16) verschwinden, muß einer der genannten Punkte sein. Nun schneidet eine beliebige Ebene (19) stets alle 6 Geraden der halben Doppelsechs (6), und damit muß die (19) zugeordnete Kubik (20) gewiß alle 6 Punkte (5) enthalten. Diese 6 Punkte können aber, wie wir sahen, außer C'_1, C'_2, C'_3 nur die weiteren gemeinsamen Punkte von φ und ψ sein, d. h. φ und ψ schneiden sich in 4 verschiedenen Punkten $C'_3, \ldots, C'_6$ (s. Bild 11) und stimmen mit denjenigen Kegelschnitten überein, die oben mit $k'_{(2)}$ und $k'_{(1)}$ bezeichnet wurden. Das System (20) ist ein lineares ∞^3-System; denn sonst würde zwischen den rechten Seiten von (16) eine lineare Identität bestehen. Dies widerspräche aber der Tatsache, daß (16) die Parameterdarstellung der den P_3 aufspannenden Fläche F_3 ist. Das System aller Kubiken durch die 6 Punkte C'_i ist gleichfalls ein ∞^3-System, stimmt also mit (20) überein. Geht man umgekehrt von 6 Punkten C'_i aus, die nicht einem Kegelschnitt angehören, so nenne man $\varphi = 0$ und $\psi = 0$ die Gleichungen der Kegelschnitte durch $C'_1, C'_3, \ldots, C'_6$ und $C'_2, \ldots, C'_6$. Die Punkte C'_1, C'_2, C'_3 nehmen wir wie oben als Koordinatenpunkte an. Dann schreibt sich das Linearsystem aller Kubiken durch sämtliche C'_i in der Form (20). Es ist jetzt (16) die Parameterdarstellung einer F_3 mit der Gleichung (8).

Die hier beschriebene ebene Abbildung der F_3 wird nach Clebsch benannt, der sie im Jahre 1866 beschrieben hat. Wie wir im § 5 sahen, können die 6 Punkte C'_i dabei auch auf einem Kegelschnitt liegen. Man erhält dann die verschiedenen Typen kubischer Flächen mit singulären Punkten. Hat die F_3 nur einen konischen Doppelpunkt S_0, so besitzt sie gemäß § 5, Satz 1 sechs Gerade durch S_0. Die 15 Ebenen, die je 2 dieser Geraden aufspannen, enthalten je noch eine weitere Gerade, die nicht durch S_0 geht. Mit den 21 Geraden, die wir so erhalten, erschöpft sich auch die Menge aller Geraden auf dieser F_3. Die 6 Geraden durch S_0 sind als Grenzfall der 12 Geraden einer Doppelsechs der allgemeinen F_3 aufzufassen. Dies sieht man leicht mit Hilfe der ebenen Abbildung ein.

§ 12. Projektive Erzeugungen der kubischen Flächen und Steinersche Triederpaare

Durch die Schnittgeraden der Ebenen zweier projektiv aufeinander bezogenen Büschel kann man bekanntlich eine Fläche 2. Grades erzeugen (s. § 1). Nun haben die Geometer des vorigen Jahrhunderts gefunden, daß man auch die kubischen Flächen in mannigfacher Weise projektiv erzeugen kann. Insbesondere die Geometer Graßmann, Steiner und Schröter haben auf diese Weise die Theorie der kubischen Flächen mit ihren vielen Einzelheiten synthetisch aufgebaut. 2 wesentlich verschiedene projektive Erzeugungen lassen sich auch in unserem Rahmen leicht begründen, wie wir in den folgenden beiden Sätzen sehen werden.

Satz 1. Gegeben seien je ein Ebenen- und ein Quadrikenbüschel des P_3 sowie eine reguläre projektive Beziehung zwischen den Ebenen und Quadriken dieser Büschel. Dann erzeugt die Gesamtheit der Schnittkurven projektiv zugeordneter Ebenen und Quadriken der Büschel eine kubische Fläche F_3. Jede F_3 kann auf diese Weise erzeugt werden.

Beweis: Die gegebenen Büschel seien durch

$$\lambda f_1 + \mu g_1 = 0,\ \lambda' f_2 + \mu' g_2 = 0 \tag{1}$$

definiert, so daß ihre Flächen je den Punkten einer (λ, μ)- und (λ', μ')-Geraden entsprechen. Nach Voraussetzung besteht zwischen den Punkten dieser beiden Geraden eine reguläre projektive Beziehung. Wir können annehmen, die Büschel seien schon so geschrieben, daß diese Beziehung durch

$$\lambda = \lambda',\ \mu = \mu' \tag{2}$$

definiert wird. Ein gemeinsamer Punkt zugeordneter Ebenen und Quadriken erfüllt dann die Beziehung

$$\begin{vmatrix} f_1, & g_1 \\ f_2, & g_2 \end{vmatrix} = 0, \tag{3}$$

und jeder Punkt P_0, dessen Koordinaten (3) erfüllen, ergibt, in (1) eingesetzt, eine nicht triviale Lösung des Linearsystems in λ, μ, das dann vorliegt, nachdem man (2) beachtet hat. (3) ist die Gleichung einer kubischen Fläche F_3. Hat man umgekehrt (3) gegeben, so definiere man die Büschel (1), erkläre zwischen ihnen durch (2) eine projektive Beziehung und hat damit die F_3 mit der Gleichung (3) in der beschriebenen Weise erzeugt. Nun gibt es auf jeder F_3 Geraden. Eine derselben sei als $x_0 = x_1 = 0$ angenommen. Dann hat F_3 eine Gleichung der Art

(4) $$x_0 g_2 + x_1 f_2 \equiv \begin{vmatrix} x_0, & -x_1 \\ f_2, & g_2 \end{vmatrix} = 0,$$

d. h. von der Determinantenform (3). Hiermit ist alles bewiesen.

Bei dieser Erzeugung liegt die Basisgerade b_1 des Ebenenbüschels auf der F_3, und die Ebenen des Büschels schneiden die Quadriken des anderen Büschels in Kegelschnitten. Die F_3 wird dann durch diese Kegelschnitte erzeugt. Schneidet man F_3 mit einer Ebene, wobei die Kubik k_3 als Schnitt herauskommt, so induziert die Erzeugung von Satz 1 unmittelbar eine solche von k_3 durch Schnittpunkte zugeordneter Geraden und Kegelschnitte zweier Büschel. Hierauf hätten wir im Band 1, Kap. I auch die Theorie der ebenen Kubiken nach Schröter begründen können.

Im folgenden Satz wollen wir die F_3 nicht durch Kurven auf ihnen, sondern durch ihre Punkte erzeugen.

Satz 2. Gegeben seien 3 verschiedene Ebenenbündel und zwischen ihren Ebenen reguläre projektive Beziehungen derart, daß jeder Ebene des einen Bündels je eine der beiden anderen Bündel zugeordnet ist. Dann erzeugt die Gesamtheit der Schnittpunkte zugeordneter Ebenen der 3 Bündel eine kubische Fläche F_3. Jede F_3, deren Gleichung sich in der Form einer dreireihigen Determinante mit linearen Gliedern schreiben läßt, kann auf die beschriebene Weise erzeugt werden.

Beweis: Die 3 gegebenen Ebenenbündel seien durch

(5) $$\lambda f_1 + \mu g_1 + \nu h_1 = 0,\ \lambda' f_1' + \mu' g_1' + \nu' h_1' = 0,$$
$$\lambda'' f_1'' + \mu'' g_1'' + \nu'' h_1'' = 0$$

definiert, so daß somit die Ebenen der Bündel je den Punkten der Hilfsebenen

(6) $$E(\lambda, \mu, \nu),\ E'(\lambda', \mu', \nu'),\ E''(\lambda'', \mu'', \nu'')$$

zugeordnet sind. Nach Voraussetzung besteht eine reguläre projektive Beziehung zwischen den Punkten von E, E', E''. Die Parameter in (5) seien so gewählt, daß diese projektiven Beziehungen durch

(7) $$\lambda = \lambda' = \lambda'',\ \mu = \mu' = \mu'',\ \nu = \nu' = \nu''$$

beschrieben werden. Dann erfüllen die Koordinaten jedes Punktes, der Schnitt zugeordneter Ebenen der Bündel (5) ist, die Beziehung

(8) $$\begin{vmatrix} f_1, & g_1, & h_1 \\ f_1', & g_1', & h_1' \\ f_1'', & g_1'', & h_1'' \end{vmatrix} = 0.$$

Ist P_0 ein Punkt, dessen Koordinaten (8) erfüllen, so hat das System

(9) $$\lambda f_1 + \mu g_1 + \nu h_1 = 0,\ \lambda f_1' + \mu g_1' + \nu h_1' = 0,$$
$$\lambda f_1'' + \mu g_1'' + r h_1'' = 0$$

wenn man darin diese Koordinaten einsetzt, eine nicht triviale Lösung in λ, μ, ν. Umgekehrt sei die Gleichung einer F_3 in der Form (8) gegeben. Dann erkläre man die 3 Ebenenbündel (5) zusammen mit der projektiven Beziehung (7) zwischen ihnen. Jetzt wird die F_3 in der beschriebenen Weise durch diese Büschel projektiv erzeugt.

Wir machen zu der Erzeugung von Satz 2 noch folgende 2 Bemerkungen:

1. Man sieht leicht, daß es stets gewisse zugeordnete Ebenen, je aus den Bündeln (5), gibt, die sich in einer Geraden statt in einem Punkt schneiden. Im allgemeinen erhält man so 6 Geraden einer halben Doppelsechs auf der erzeugten F_3, wie wir jedoch nicht beweisen wollen.

2. Die linken Seiten von (9) sind Linearformen in den Koordinaten (x_i). Durch Auflösung nach den x_i ergeben sich

diese als proportional zu gewissen Polynomen 3. Grades in (λ, μ, ν). Das bedeutet aber, unsere projektive Erzeugung von Satz 2 liefert uns auch eine rationale Parameterdarstellung der erzeugten F_3. Die Ergebnisse des vorigen § 12 ließen sich auch auf diesem Wege gewinnen.

Wir wollen hier nur noch zeigen, daß man die Gleichung jeder singularitätenfreien Fläche F_3 stets in der Determinantenform (8) schreiben kann. Dazu benutzen wir bekannte Dinge über die Konfiguration der 27 Geraden auf F_3 und erklären weitere wichtige Teilkonfigurationen darin. Zunächst beweisen wir den

Satz 3. Gegeben seien die 6 verschiedenen Geraden a_1, b_1, c_1 und a_2, b_2, c_2 auf der singularitätenfreien kubischen Fläche F_3. Sie mögen je die Tripelebenen T_1 und T_2 aufspannen. Auf der Geraden

(1) $$g_{12} = T_1 \frown T_2$$

treffen sich dann je eine der 3 Geraden auf T_1 mit einer auf T_2. Die Bezeichnung sei so gewählt, daß a_1, a_2 sowie b_1, b_2 und c_1, c_2 sich auf g_{12} schneiden. Die dritten, je in den Ebenen

(11) $$A = a_1 \smile a_2, \quad B = b_1 \smile b_2, \quad C = c_1 \smile c_2$$

gelegenen Geraden von F_3 mögen a_3, b_3 und c_3 sein. Dann liegen a_3, b_3, c_3 gleichfalls in einer Tripelebene T_3.

Beweis: Die Voraussetzungen des Satzes seien erfüllt. Wir schließen dann zunächst, daß $a_3 \neq b_3$ ist. Andernfalls müßte nämlich die Gerade $a_3 = b_3$ Schnitt der Ebenen A und B sein und somit den Punkt $a_1 \frown b_1$ enthalten. Da niemals 3 nicht komplanare Geraden auf F_3 durch einen Punkt gehen, müßte a_3 in T_1 liegen und somit gleich c_1 sein. Dies geht jedoch nicht, da die Ebenen T_1 und A sich bereits in $a_1 \neq c_1$ schneiden. b_3 schneidet mithin die Ebene A und analog auch C nur in je einem Punkt. Der Punkt $b_3 \frown A$ darf nicht auf a_2 liegen, da dann b_3 die Geraden a_2 und b_2 schneiden, also in T_2 liegen und mit c_3 übereinstimmen würde. Ebenso folgt, daß $b_3 \frown A$ nicht auf a_1 liegt, so daß nur $(b_3 \frown A) \subset a_3$ übrig bleibt. Es schneiden sich also a_3 und b_3 und ebenso sieht man, daß a_3, c_3 und b_3, c_3 sich schneiden. a_3, b_3, c_3 liegen mithin auf einer Tripelebene T_3.

Wir schreiben jetzt die 9 Geraden $a_1, \ldots, c_3$ und die 6 Tripelebenen T_1, T_2, T_3, A, B, C in folgendem Schema:

$$
\begin{array}{ccc|c}
a_1 & b_1 & c_1 & T_1 \\
a_2 & b_2 & c_2 & T_2 \\
a_3 & b_3 & c_3 & T_3 \\
\hline
A & B & C &
\end{array}
\tag{12}
$$

Die Ebenendreier der Art T_1, T_2, T_3 oder A, B, C nennt man Steinersche Trieder. Zufolge des soeben bewiesenen Satzes 3 bestimmen sie sich paarweise. Wir wollen solche Triederpaare wie A, B, C und T_1, T_2, T_3 in (12) zugeordnet nennen. Es gilt der

Satz 4. Aus den 45 Tripelebenen der regulären kubischen Flächen F_3 lassen sich 120 Paare zugeordneter Steinertrieder bilden.

Beweis: Eine gegebene Tripelebene von F_3 hat mit 12 anderen Tripelebenen eine auf F_3 liegende Gerade gemein. Hieraus folgt, daß es $\frac{45 \cdot 32}{2} = 720$ Paare von Tripelebenen gibt, die keine Konfigurationsgerade gemein haben. Jedes dieser Paare legt nach Satz 3 ein Steinertrieder fest, aber in jedem Trieder liegen 3 Paare. Somit gibt es 240 Steinertrieder, die sich zu 120 Paaren zugeordneter zu je zweien zusammenfügen.

Für die Theorie der F_3 ist jetzt besonders wichtig der folgende

Satz 5. Eine reguläre kubische Fläche F_3 gehört demjenigen Büschel an, das durch 2 zugeordnete Steinertrieder aufgespannt wird. Dabei sind die Trieder selber als ausgeartete Flächen 3. Grades aufzufassen.

Beweis: Mit $f_3 = 0$ und $t_i = 0$ seien die Gleichungen von F_3 und von den 3 Triederebenen T_i bezeichnet. Alle 9 Geraden aus (12) liegen dann ersichtlich auf sämtlichen Flächen des Büschels

$$\lambda f_3 + \mu t_1 t_2 t_3 = 0; \tag{13}$$

umgekehrt muß jeder gemeinsame Punkt aller Flächen (13) gleichzeitig auf F_3 und einer der Ebenen T_i liegen, d. h. er gehört einer der 9 Geraden (12) an. Diese Geraden bilden mithin die sog. Basis von (13). Durch jeden nicht dieser Basis angehörigen Punkt $P_0 < P_3$ geht nun eine wohlbestimmte Fläche des Büschels (13). Für P_0 wählen wir jetzt einen Punkt auf A, der dann nicht auf a_1, a_2, a_3 liegen darf. Die P_0 enthaltende Büschelfläche heiße G_3. Nun schneidet G_3 die Ebene A in den 3 Geraden a_1, a_2, a_3, die für sich schon eine Kurve 3. Grades bilden, außerdem aber noch in P_0. Das ist nur möglich, wenn G_3 in A und noch eine Quadrik G_2 zerfällt. Auf G_2 liegen von unserer Basis noch die 6 Geraden b_1, b_2, b_3, c_1, c_2, c_3, die zu je 3 in den Ebenen B und C liegen. Da G_2 eine Fläche 2. Grades ist, kann G_2 die genannten 6 Geraden nicht enthalten, ohne in die Ebenen B und C zu zerfallen. Insgesamt zerfällt also G_3 in die 3 Ebenen A, B, C des T_1, T_2, T_3 zugeordneten Steinertrieders. Dem Büschel (13) gehören beide Trieder an. Jede Büschelfläche und somit auch F_3 hat eine Gleichung, die Linearkombination der beiden Triedergleichungen ist. Es gibt also Konstanten λ_0, μ_0 derart, daß

$$f_3 = \lambda_0 t_1 t_2 t_3 + \mu_0 abc \tag{14}$$

ist, wenn $a = 0, b = 0, c = 0$ die Gleichungen von a, b, c sind. Die rechte Seite von (14) läßt sich leicht als Determinante

$$f_3 = \begin{vmatrix} \lambda_0 t_1, & 0, & -\mu_0 a \\ 0, & b, & -t_2 \\ c, & t_3, & 0 \end{vmatrix} \tag{15}$$

schreiben. Aus Satz 2 folgt dann der

Satz 6. Jede reguläre kubische Fläche F_3 gestattet eine Erzeugung mittels dreier projektiv aufeinander bezogener Ebenenbündel.

§ 13. Realitätstypen der 27-Geraden-Konfiguration

Wie bei den ebenen Kubiken, so hat man auch bei den kubischen Flächen die Realitätstypen untersucht. Die erste systematische Realitätsklassifikation stammt von dem Schweizer Mathematiker Schläfli (1863). Für die reellen Typen einer singularitätenfreien F_3 ist es offenbar vor allem wesentlich, welche Realitätstypen die 27-Konfigurationen bieten können. Dies soll hier untersucht werden. Nun wissen wir aus Bd. I, § 22, daß alle 28 Doppeltangenten einer ebenen Quartik k_4 reell sein können. Zu einer solchen k_4 als Umrißkurve konstruieren wir eine F_3 mit reeller Gleichung. Dies ergibt den

Satz 1. Es gibt kubische Flächen, bei denen alle 27 Geraden reell sind.

Wir sagen, eine 27-Konfiguration sei von reellem Typ, wenn sie durch eine Symmetrie σ in sich transformiert wird. Dabei wird σ in geeigneten Koordinaten durch den Übergang zum konjugiert Komplexen beschrieben. Geraden, Ebenen und Punkte sollen konjugiert komplex heißen, wenn sie bei σ eineinander zugeordnet sind. Dies werde in üblicher Weise durch Querstriche angedeutet. Unter den Ebenen und Punkten hat man dann zwischen reellen und imaginären zu unterscheiden, unter den Geraden zwischen reellen, nieder- und hochimaginären (s. Einl. B). Mit jeder Geraden einer 27-Konfiguration von reellem Typus gehört auch die konjugiert komplexe Gerade zur Konfiguration; hieraus folgt sofort, daß auch die konjugierte einer Tripelebene wieder eine solche ist. Genauer gilt der

Satz 2. Es liege eine 27-Konfiguration von reellem Typus vor. T_2 sei eine Tripelebene dieser Konfiguration. Dann bestehen folgende Möglichkeiten:

a) T_2 ist reell und

1. alle 3 Geraden in T_2 sind reell
2. eine Gerade in T_2 ist reell, die anderen beiden sind niederimaginär.

b) T_2 ist imaginär mit $T_1 = T_2 \cap \overline{T}_2$, wobei folgendes möglich ist:

1. T_1 gehört zur Konfiguration, und die übrigen 4 Geraden in T_2 und $\overline{T}_2$ sind hochimaginär,
2. T_1 gehört nicht zur Konfiguration, und je 2 Geraden aus T_2 und $\overline{T}_2$ sind hochimaginär und je eine ist niederimaginär,
3. T_1 gehört nicht zur Konfiguration, und alle Geraden in T_2 und $\overline{T}_2$ sind niederimaginär.

Beweis: Bei $T_2 = \overline{T}_2$ ergeben sich sofort die beiden Möglichkeiten a) 1. und a) 2. Bei $T_2 \neq \overline{T}_2$ können im Fall b) 1. die beiden von T_1 verschiedenen Geraden in T_2 ihre konjugierten in $\overline{T}_2$ nicht schneiden, da wir dann 3 nicht komplanare Geraden durch einen Punkt hätten; die genannten Geraden sind also hochimaginär. Gehört T_1 nicht zur Konfiguration, so hat T_1 mit der zugehörigen F_3 genau 3 Punkte gemein; je nachdem ob von diesen 3 Punkten einer oder alle 3 reell sind, ergeben sich die Möglichkeiten b) 2. und b) 3.

Satz 3. Besitzt eine 27-Konfiguration reelle und niederimaginäre, aber keine hochimaginäre Geraden, so sind nur 3 Geraden reell.

Beweis: Wir zeigen zunächst, daß unter den Voraussetzungen des Satzes die 27-Konfiguration keine 2 zueinander windschiefe reelle Geraden a_1, b_1 besitzen kann. Angenommen dies wäre der Fall, und wie in § 9 seien $c_2, \ldots, c_6$ die gemeinsamen Treffgeraden von a_1 und b_1. Wegen der Realität von a_1 und b_1 kommt zu jeder Geraden c_i auch die konjugiert komplexe in der Menge $c_2, \ldots, c_6$ vor. Die c_i sind zueinander windschief und daher entweder reell oder hochimaginär. Hochimaginäre Geraden sollten nicht vorkommen, also sind die c_i alle reell. Damit erweisen sich aber auch der Reihe nach die Geraden a_{1i} und b_{1j} und d_{ij} (in der Bezeichnung von § 9) als reell, während doch nicht alle 27 Geraden reell sein sollten. Wegen der ungeraden Zahl 27 muß nun eine Gerade der Konfiguration mindestens reell sein; dies sei a_1, und b_1 sei eine zu a_1 windschiefe Gerade. Nach dem, was wir schon wissen, ist b_1 niederimaginär, und ihre konjugierte $\bar{b}_1$ trifft a_1 auch nicht. Nun spannen $\bar{b}_1$ und b_1 eine Tripelebene auf, deren dritte Gerade c_2 reell ist und a_1 trifft. Mit der dritten Geraden a_{12} der Tripelebene $a_1 \cup c_2$ haben wir jetzt 3 reelle sich schneidende Geraden der Konfiguration gefunden. Mehr Geraden können aber nicht reell sein; denn dann gäbe es 2 windschiefe reelle Geraden, und dies ist mit der Voraussetzung nicht verträglich, wie wir wissen.

Wir haben jetzt nur noch diejenigen Typen reeller 27-Konfigurationen zu untersuchen, bei denen auch hochimaginäre Geraden vorkommen. Darüber beweisen wir folgenden

Satz 4. Wenn eine 27-Konfiguration von reellem Typus auch hochimaginäre Geraden besitzt, dann sind nur folgende 3 Fälle möglich:

a) Es sind 12 Geraden hochimaginär, die übrigen 15 reell;

b) Es sind 16 Geraden hoch-, 4 niederimaginär und 7 Geraden reell;

c) Es sind 12 Geraden hoch-, 12 niederimaginär und 3 Geraden reell.

Beweis: Die 27-Konfiguration sollte hochimaginäre Geraden besitzen; diese treten paarweise auf, und a_1, b_1 sei ein solches Paar. Die 5 gemeinsamen Treffgeraden von a_1, b_1 sollen wieder

$$c_2, c_3, c_4, c_5, c_6 \tag{1}$$

genannt werden. Dann muß wegen $b_1 = \bar{a}_1$ mit jedem c_i auch die dazu konjugiert komplexe Gerade in der Menge (1) vorkommen. Die Geraden (1) sind untereinander windschief und daher reell oder paarweise konjugiert komplex. Dies ergibt bei passender Numerierung folgende 3 Möglichkeiten

α) $c_2, \ldots, c_6$ sind alle reell

β) c_2, c_3, c_4 sind reell, $c_5 = \bar{c}_6$

γ) c_2 ist reell, $c_3 = \bar{c}_4$, $c_5 = \bar{c}_6$.

Wir untersuchen diese Fälle der Reihe nach und benutzen weiterhin die Bezeichnungen von § 9.

α) Die Geraden $a_{12}, \ldots, a_{16}, b_{12}, \ldots, b_{16}$ erweisen sich zufolge Satz 3 zugleich mit a_1, b_1 als hochimaginär, und es ist $a_{1i} = \bar{b}_{1i}$. Die Gerade d_{ij} trifft die 3 von c_i, c_j verschiedenen Geraden der Menge (1); die gleichen 3 Geraden trifft wegen der Realität aller 5 Geraden (1) auch $\bar{d}_{ij}$. Wäre $\bar{d}_{ij} = d_{ij}$, so hätten die genannten 3 Geraden 4 gemeinsame Treffgeraden, was zufolge § 10, Satz 2 nicht vorkommt. Es sind also alle 10 Geraden d_{ij} reell, zusammen mit (1) haben wir somit 15 reelle Geraden.

β) Nach der gleichen Schlußweise wie in α ist jetzt d_{56} reell, während $a_{12}, b_{12}, a_{13}, b_{13}, a_{14}, b_{14}$ hochimaginär sind. Nun trifft d_{23} die Geraden c_4, c_5, c_6, und wegen $c_4 = \bar{c}_4$, $c_5 = \bar{c}_6$, $c_6 = \bar{c}_5$ trifft auch $\bar{d}_{23}$ die gleichen 3 Geraden, also muß $d_{23} = \bar{d}_{23}$ gelten. Ebenso erweisen sich d_{24}, d_{34} als reell. Weiterhin trifft d_{25} die Geraden c_3, c_4, c_6, und $\bar{d}_{25}$ trifft c_3, c_4, c_5 wegen $c_3 = \bar{c}_3$, $c_4 = \bar{c}_4$, $c_5 = \bar{c}_6$. Hieraus folgt $\bar{d}_{25} = d_{26}$ und ebenso $d_{35} = \bar{d}_{36}$ und $\bar{d}_{45} = d_{46}$. Schließlich muß $a_{15} = \bar{b}_{16}$ und $a_{16} = \bar{b}_{15}$ sein, und da a_{15}, b_{16} und a_{16}, b_{15} je sich schneiden, sind sie niederimaginär. Insgesamt haben wir gefunden:

16 hochimaginäre Geraden: $a_1, b_1, a_{12}, b_{12}, a_{13}, b_{13}, a_{14}, b_{14}, c_5, c_6, d_{25}, d_{26}, d_{35}, d_{36}, d_{45}, d_{46}$,

4 niederimaginäre Geraden: $a_{15}, a_{16}, b_{15}, b_{16}$,

7 reelle Geraden: $c_2, c_3, c_4, d_{23}, d_{24}, d_{34}, d_{56}$.

Es liegt somit der Fall b) vor.

γ) Es ergibt sich jetzt $d_{35} = \bar{d}_{46}$, $d_{45} = \bar{d}_{36}$, und da nach § 9 die Geraden d_{35} und d_{46} sowie d_{45} und d_{36} sich schneiden und verschieden sind, müssen sie niederimaginär sein. Im übrigen sind die gleichen Schlußweisen anzuwenden wie im Fall β. Insgesamt ergibt sich dann, wie man leicht nachprüft, folgende Aufteilung der 27 Geraden auf die verschiedenen Arten:

12 hochimaginäre Geraden: $a_1, b_1, a_{12}, b_{12}, c_3, c_4, c_5, c_6, d_{23}, d_{24}, d_{25}, d_{26}$,

12 niederimaginäre Geraden: $a_{13}, a_{14}, a_{15}, a_{16}, b_{13}, b_{14}, b_{15}, b_{16}, d_{35}, d_{45}, d_{36}, d_{46}$,

3 reelle Geraden: c_2, d_{34}, d_{56}.

Hiermit ist unser Satz bewiesen.

Wir beschränken uns auf folgendes einfache Beispiel: Die F_3 mit der Gleichung in affinen Koordinaten:

$$x^3 + y^3 + z^3 + 1 = 0 \tag{1}$$

ist ersichtlich singularitätenfrei. (1) läßt sich auf folgende 3 Weisen schreiben:

$$(x + y)(x + \varepsilon y)(x + \varepsilon^2 y) + (z + 1)(z + \varepsilon)(z + \varepsilon^2) = 0 \tag{2}$$

$$(x + z)(x + \varepsilon z)(x + \varepsilon^2 z) + (y + 1)(y + \varepsilon)(y + \varepsilon^2) = 0 \tag{3}$$

$$(y + z)(y + \varepsilon z)(y + \varepsilon^2 z) + (x + 1)(x + \varepsilon)(x + \varepsilon^2) = 0, \tag{4}$$

worin ε eine primitive 3. Einheitswurzel ist. Aus (2) — (4) entnehmen wir 3 ausgezeichnete Triederkonfigurationen, die insgesamt sämtliche 27 Geraden der E_3 enthalten. Die Geraden des ersten Triederpaares sind in ihren Gleichungen gemäß (2):

Eine reelle Gerade: $x + y = z + 1 = 0$

4 niederimaginäre Geraden:

$$x + y = z + 2 = 0; \quad x + y = z + \varepsilon^2 = 0;$$
$$x + \varepsilon y = z + 1 = 0; \quad x + \varepsilon^2 y = z + 1 = 0;$$

4 hochimaginäre Geraden:

$$x + \varepsilon y = z + \varepsilon = 0; \quad x + \varepsilon^2 y = z + \varepsilon^2 = 0;$$
$$x + \varepsilon^2 y = z + \varepsilon = 0; \quad x + y = z + \varepsilon^2 = 0 .$$

Entsprechendes gilt für die Geraden der übrigen beiden Triederpaare. Wir haben demnach den Realitätstyp c) von Satz 4 vor uns.

Kap. II. Algebraische Raumkurven

§ 14. Vorläufige Bemerkungen über Schnitte algebraischer Flächen, insbesondere von Quadriken

Wir wollen uns in diesem Kapitel der Geometrie der einfachsten algebraischen Raumkurven zuwenden. Bevor wir diese allgemein als Nullstellenmengen gewisser sog. Primideale definieren, mögen in diesem Abschnitt einige vorbereitende Betrachtungen vorangestellt werden.

Zu den Raumkurven, die wir definieren wollen, sollen die aus Band 1 bekannten ebenen Kurven als Sonderfälle gehören. Geht man nun von der Fläche n-ter Ordnung F_n aus, so erhält man gewiß ebene Kurven n-ter Ordnung dadurch, daß man F_n mit einer Ebene schneidet. So kann man z. B. die Kegelschnitte auch als ebene Schnittgebilde der Quadriken erklären. Es ist in der elementaren, projektiven Geometrie durchaus von Vorteil, die Lehre von den Kegelschnitten so aufzubauen. Im Laufe des 19. Jahrhunderts ist man dazu gekommen, einfachste Raumkurven, die nicht mehr in der Ebene liegen, als Schnitte von Flächen und zunächst von Quadriken zu erklären. Im reellen Anschauungsraum, wo Zylinder und Kegel in der Technik auftreten, pflegt man die Durchdringungsgebilde dieser Flächen oft mit den Hilfsmitteln der Darstellenden Geometrie zu behandeln, und alle Lehrbücher dieses Zweiges der Geometrie enthalten Abschnitte darüber (vgl. Sa. Gö. Haack, Bd. 142—144). Bereits hier tritt im Reellen ein großer Gestaltenreichtum von Schnittgebilden zweier Quadriken auf, der sich jedoch noch gut überblicken läßt.

Jeder gemeinsame Punkt der beiden durch

$$(1)\qquad f_2 = \sum_{i,j=0}^{3} a_{ij}x_ix_j = 0 \quad \text{und} \quad g_2 = \sum_{i,j=0}^{3} b_{ij}x_ix_j = 0$$

definierten Quadriken F_2 und G_2 liegt auch auf jeder Fläche des durch

$$(2)\qquad \lambda f_2 + \mu g_2 = 0$$

definierten Büschels. Die Gesamtheit

$$(3)\qquad \Phi = F_2 \cap G_2$$

ist somit auch die Menge der Basispunkte des Büschels (2), und wir haben unmittelbar den

Satz 1. Die Menge Φ aus (3) ist gleichzeitig auch Durchschnitt von irgendwelchen 2 verschiedenen Quadriken des Büschels (2).

Diesen Satz benutzt man mit Vorteil in der Darstellenden Geometrie, indem man Φ als Schnitt von leicht zu zeichnenden Kegeln oder Zylindern aus dem Büschel (2) definiert.

Das Studium der Mengen Φ in (3) ist somit eng mit der der Quadrikenbüschel (2) verbunden. Die projektive Klassifikation der Quadriken- und in der Ebene der Kegelschnittbüschel hat die Mathematiker früher vielfach beschäftigt. An algebraischen Hilfsmitteln pflegte man die 1869 von Weierstraß begründete Theorie der Elementarteiler heranzuziehen. Wir brauchen das vollständige Ergebnis dieser Klassifikation nicht, sondern begnügen uns mit folgenden einfachen Bemerkungen:

a) Jedes Büschel von Quadriken enthält mindestens eine entartete Fläche, d. h. eine Quadrik vom Rang $\leqq 3$. Um diese zu erhalten, braucht man lediglich λ, μ aus

$$(4)\qquad \det(\lambda a_{ij} + \mu b_{ij}) = 0$$

zu bestimmen. (4) ist, wenn es nicht identisch verschwindet, ein Polynom 4. Grades in λ, μ, das gewiß im komplexen Zahlkörper K Nullstellen besitzt.

b) Im sog. allgemeinen Fall wird in (4) das Polynom 4 verschiedene Nullstellen besitzen, und diesen werden dann

4 verschiedene Kegel vom Rang 3, d. h. mit linear unabhängigen Punktspitzen, entsprechen. Dies wollen wir hier nicht beweisen, sondern gleich ein solches Büschel durch die Quadriken mit den Gleichungen

$$(5) \qquad x_0^2+x_1^2+x_2^2+x_3^2=0, \quad b_0x_0^2+b_1x_1^2+b_2x_2^2+b_3x_3^2=0$$

aufspannen, Dabei gilt

$$(6) \qquad b_i \neq 0 \ (i=0,1,2,3), \quad b_i \neq b_j \quad (i \neq j)\,.$$

Die Spitzen der Büschelkegel sind die Koordinatenecken, und die Gleichungen der 4 Kegel lauten:

$$(7) \quad \begin{array}{llll} (b_3-b_0)x_0^2+(b_3-b_1)x_1^2+(b_3-b_2)x_2^2 & & & =0 \\ (b_2-b_0)x_0^2+(b_2-b_1)x_1^2 & & +(b_2-b_3)x_3^2 & =0 \\ (b_1-b_0)x_0^2 & +(b_1-b_2)x_2^2 & +(b_1-b_3)x_3^2 & =0 \\ \quad (b_0-b_1)x_1^2+(b_0-b_2)x_2^2 & & +(b_0-b_3)x_3^2 & =0\,. \end{array}$$

Dies sind offenbar auch die einzigen entarteten Quadriken unseres Büschels.

c) Büschel, in denen es Quadriken gibt, die zu Ebenenpaaren entarten, sind bereits von speziellerer Art. Ein derartiges Büschel liegt vor, wenn wir wieder die Linearkombinationen von (5) nehmen, aber statt (6):

$$(8) \quad b_i \neq 0 \ (i=0,1,2,3), \ b_0 \neq b_1, \ b_0 \neq b_2, \ b_1 \neq b_2, \ b_2 = b_3$$

annehmen. Dann zerfallen die beiden ersten Kegel in (7) in das Ebenenpaar

$$(8) \qquad (b_2-b_0)x_0^2+(b_2-b_1)x_1^2=0\,,$$

während die anderen beiden Kegel (7) vom Rang 3 sind. Außer den genannten 3 hat unser Büschel keine weiteren entarteten Quadriken. Die Basismenge Φ des Büschels besteht jetzt aus den beiden Kegelschnitten, die die Ebenen des Paares (8) aus irgendeiner weiteren Quadrik des Büschels ausschneiden.

d) Wir spannen unser Büschel jetzt wieder durch 2 Quadriken mit den Gleichungen (5) auf, nehmen jedoch

$$(9) \qquad b_i \neq 0 (i=0,1,2,3), \ b_0 \neq b_1, \ b_1 = b_2 = b_3$$

an. Dann enthält das Büschel nur 2 entartete Flächen mit den Gleichungen:

$$(10) \qquad x_0^2 = 0\,, \qquad x_1^2 + x_2^2 + x_2^2 = 0\,.$$

Die Menge der Basispunkte besteht jetzt nur aus einem Kegelschnitt, in den man sich die beiden Kegelschnitte vom Fall c) vereinigt denken kann.

e) Im Beispiel des von (5) aufgespannten Büschels gehörten die Spitzen der im Büschel enthaltenen 4 Kegel (7) nicht der Basismenge Φ an. Dies ist anders, wenn man das durch die Quadriken:

$$(11) \quad x_0^2 + x_1^2 + 2x_2x_3 = 0\,, \quad b_0x_0^2 + b_1x_1^2 + 2b_{23}x_2x_3 + x_2^2 = 0$$

mit der Bedingung

$$(12) \quad b_0 \neq 0, \quad b_1 \neq 0, \quad b_{23} \neq 0, \quad b_0 \neq b_1, \quad b_0 \neq b_{23}, \quad b_1 \neq b_{23}$$

definierte Büschel betrachtet. Die 3 einzigen hierin enthaltenen entarteten Flächen haben die Gleichungen:

$$(13) \qquad \begin{aligned} &(b_0 - b_{23})x_0^2 + (b_1 - b_{23})\,x_1^2 + x_2^2 = 0 \\ &(b_1 - b_0)x_1^2 + 2(b_{23} - b_0)\,x_2x_3 + x_2^2 = 0 \\ &(b_0 - b_1)x_0^2 + 2(b_{23} - b_1)\,x_2x_3 + x_2^2 = 0\,. \end{aligned}$$

Es sind alles Kegel vom Rang 3; die Spitze (0, 0, 0, 1) des ersten Kegels liegt ersichtlich auf allen Büschelflächen. Bei den Spitzen der beiden anderen Kegel ist dies nicht der Fall.

f) In dem durch

$$(14) \qquad \begin{aligned} f &= x_0^2 + x_2^2 + 2x_1x_3 = 0\,, \\ g &= b_0x_0^2 + b_1(x_2^2 + 2x_1x_3) + 2x_2x = 0 \end{aligned}$$

mit der Bedingung

$$(15) \qquad b_0 \neq 0\,, \quad b_1 \neq 0\,, \quad b_0 \neq b_1$$

aufgespannten Büschel gibt es jetzt zum Unterschied vom Fall c) nur 2 entartete Flächen:

$$(16) \quad (b_0 - b_1)x_0^2 + 2x_2x_3 = 0, \quad (b_1 - b_0)(x_2^2 + 2x_1x_3) + 2x_2x_3 = 0.$$

Wegen (15) sind dies Kegel vom Rang 3. Die Spitze des ersten, aber nicht die des zweiten gehört der Basismenge unseres Büschels an.

g) In den aus (5), (11), (14) gebildeten Büscheln gehört niemals eine ganze Gerade zur Basismenge. Denn eine solche Gerade müßte die Spitzen aller Kegel des betr. Büschels enthalten. Wir stellten aber fest, daß es stets Kegel darin gab, deren Spitze nicht der Basismenge angehört. Dagegen haben die beiden durch

$$(17) \qquad f_2 = x_0x_2 - x_1^2 = 0 \text{ und } g_2 = x_1x_3 - x_2^2 = 0$$

definierten Kegel F_2, G_2 die Gerade

$$(18) \qquad G_1(x_1 = x_2 = 0)$$

gemein. Die zu (17) gehörige Determinantengleichung (4) lautet jetzt $\lambda^2\mu^2 = 0$ und lehrt, daß F_2 und G_2 die einzigen entarteten Quadriken des von ihnen aufgespannten Büschels sind.

Im Anschluß an diese Beispiele beweisen wir noch 2 Sätze:

Satz 2. Wenn die Quadriken F_2 und G_2 alle Punkte eines ebenen Schnittes gemein haben, so liegen die übrigen gemeinsamen Punkte von F_2 und G_2 gleichfalls in einer Ebene (die auch mit der ersten Ebene zusammenfallen kann).

Beweis: Wählen wir die Koordinaten so, daß die Ebene, in deren Schnitt F_2 und G_2 übereinstimmen, $x_3 = 0$ ist, so stimmen die Gleichungen von F_2 und G_2, mit einem geeigneten $\varrho \neq 0$ multipliziert und $x_3 = 0$ gesetzt, überein; sie können also gleich so angenommen werden:

$$(19) \qquad f = (a_{33}x_3 + 2a_{32}x_2 + 2a_{31}x_1 + 2a_{30}x_0)x_3 + \sum_{i,j=0}^{2} a_{ij}x_ix_j = 0$$

$$g = (b_{33}x_3 + 2b_{32}x_2 + 2b_{31}x_1 + 2b_{30}x_0)x_3 + \sum_{i,j=0}^{2} a_{ij}x_ix_z = 0.$$

Dem von F_2 und G_2 aufgespannten Büschel gehört dann das durch

$$(20) \qquad [(a_{33} - b_{33})x_3 + 2(a_{32} - b_{32})x_2 + 2(a_{31} - b_{31})x_1 + 2(a_{30} - b_{30})x_0]\, x_3 = 0$$

definierte Ebenenpaar an. Spannt man das Büschel durch dies Ebenenpaar und eine andere ihrer Quadriken auf, so sieht man unmittelbar die Richtigkeit der Behauptung ein.

Satz 3. Die beiden Kegel (17) haben außer der Geraden G_1 in (18) keine weitere Gerade und auch keine sonstige ebene algebraische Kurve gemein.

Beweis: Eine Gerade, die den beiden Kegeln (17) gemein ist, enthält die Spitzen beider Kegel und stimmt somit mit G_1 überein. Hätten die Kegel nun eine andere ebene Kurve gemein, so könnte dies höchstens ein regulärer Kegelschnitt sein. Dann lehrt jedoch der Satz 2, daß in diesem Fall dem entsprechenden Büschel ein Ebenenpaar angehören würde. Dies ist aber nicht der Fall, da die beiden Kegel die einzigen entarteten Flächen des Büschels sind.

Durch die Gesamtheit der Punkte, die die beiden Kegel (17) außer der Geraden G_1 gemein haben, werden wir in § 16 die einfachste unebene, algebraische Raumkurve V_1^3 definieren. Um sie rein als Schnitt darzustellen, werden wir zu (17) noch eine geeignete dritte Quadrik hinzunehmen müssen. Die Schnitte der Quadriken in (5), (11), (14) sind andere Raumkurven, die wir jedoch zum Unterschied gegen den Fall (17) als irreduzibel bezeichnen werden. Weitere einfache algebraische Raumkurven haben die Geometer des 19. Jahrhunderts vermittels des Schnitts einer kubischen Fläche F_3 und einer Quadrik G_2 erklärt, jedoch auch nicht als vollständigen Schnitt. Wir haben uns also mit den Durchschnittsmengen von r Flächen zu beschäftigen ($r \geqq 2$), die auch verschiedener Ordnung sein können. Unter diesen Schnittmengen müssen wir die irreduziblen Raumkurven definieren. Dies erfordert einige weitere Begriffe aus der Algebra, die wir im nächsten Abschnitt erläutern wollen.

§ 15. Irreduzible algebraische Mannigfaltigkeiten als Nullstellengebilde von Primidealen im Polynomring

Die linken Seiten der Gleichungen algebraischer Kurven und Flächen sind homogene Polynome von 3 oder 4 Veränderlichen über dem Grundkörper K. In Verallgemeinerung auf beliebig viele Variablen und auch auf nicht homogene Polynome können wir somit sagen: Die algebraische Geometrie hat es mit Größen aus dem Ring $K[x_0, \ldots, x_n]$ der Polynome von $n + 1$ Variablen über dem Körper K zu tun. K ist bei uns im allgemeinen der Körper der komplexen Zahlen; manche Betrachtungen im folgenden sind jedoch unabhängig von der besonderen Art von K. Es soll K jedoch stets algebraisch abgeschlossen sein. Dann gilt folgende

Definition 1: Polynomideal (in der älteren Literatur auch Modul genannt) heißt jede Menge von Polynomen aus $K[x_0, \ldots, x_n]$, die folgende Bedingungen erfüllt: 1. Mit 2 Polynomen ist auch die Summe derselben in der Menge enthalten; 2. Mit jedem Polynom $P(x_0, \ldots, x_n)$ ist auch $A(x_0, \ldots, x_n) \cdot P(x_0, \ldots, x_n)$ für beliebiges $A < K[x_0, \ldots, x_n]$ in der Menge enthalten.

Ein triviales Beispiel hierfür, das sog. Einheitsideal, ist das System aller Polynome aus $K[x_0., \ldots, x_n]$. Ferner rechnet man aus formalen Gründen auch die leere Menge, die überhaupt kein Polynom enthält, gleichfalls zu den Idealen und nennt sie das Nullideal.

Wir wollen die x_i wieder wie üblich als homogene Koordinaten im projektiven P_n auffassen. Demnach interessieren uns auch nur homogene Polynome, d. h. Formen, deren Nullgebilde in den Fällen $n = 2$ und $n = 3$ uns als algebraische Kurven der Ebenen und Flächen des P_3 bekannt sind. Wir beschränken uns daher auf die sog. H-Ideale in $K[x_0, \ldots, x_n]$, welche zusätzlich zu 1. und 2. noch folgende Bedingung erfüllen:

3. Mit jedem Polynom $P(x_0, \ldots, x_n)$ des Grades h, das sich in folgender Weise:

$$P = P'_h + P'_{h-1} + \ldots + P'_0$$

als Summe von homogenen Polynomen der Grade $j \leqq h$ schreibt, sollen alle P'_j auch zum Ideal gehören.

Nach einem Satz von Hilbert, den wir hier aber nicht beweisen wollen[1]), hat jedes Polynomideal $J < K[x_0, \ldots, x_n]$ eine endliche Basis

[1]) Vgl. Gröbner, Algebraische Geometrie auf idealtheoretischer Grundlage, 1949.

(1) $$A^{(1)}, \ldots, A^{(g)}.$$

Das bedeutet, es gibt ein endliches Teilsystem (1) aus J, derart daß jedes P von J sich in der Gestalt

(2) $$P = B^{(1)}A^{(1)} + \ldots + B^{(g)}A^{(g)}$$

schreiben läßt mit irgendwelchen $B^{(j)} < K[x_0, \ldots, x_n]$. Bei den uns allein interessierenden H-Idealen können wir auch die $A^{(j)}$ in (1) als homogen, aber natürlich nicht notwendig vom gleichen Grad, annehmen.

Weiterhin ist für uns wichtig die

Definition 2: Primideal $\mathfrak{P}$ heißt ein Polynomideal aus $K[x_0, \ldots, x_n]$ mit der Eigenschaft, daß mit einem Produkt $A(x_i)B(x_i)$ mindestens ein Faktor A oder B zu $\mathfrak{P}$ gehört.

Das Einheitsideal erfüllt trivialerweise diese Primidealbedingung, da der Ring $K[x_0, \ldots, x_n]$ keine Nullteiler besitzt. Wir wollen aus später ersichtlichen Gründen übereinkommen, auch das Nullideal zu den Primidealen zu rechnen.

Die einfachsten, nicht trivialen Ideale sind die sog. Hauptideale, bei denen die Basis (1) nur aus einem Polynom $A^{(1)}$ besteht. Darüber gilt der

Satz 1. J sei ein Hauptideal aus $K[x_0, \ldots, x_n]$ mit der Basis $A^{(1)}(x_0, \ldots, x_n)$ vom Grad $a_1 > 0$. J ist genau dann ein Primideal, wenn $A^{(1)}$ in K irreduzibel ist.

Beweis: Ist $A^{(1)}$ in $K[x_0, \ldots, x_n]$ irreduzibel, so schließt man aus

(3) $$A(x_i)B(x_i) = B^{(1)}(x_i)A^{(1)}(x_i)$$

zufolge der eindeutigen Zerlegbarkeit der Polynome aus $K[x_0, \ldots, x_n]$ (s. Gröbner[1]) § 1), daß $A^{(1)}$ entweder A oder B der linken Seite in (3) teilt. Ist $A^{(1)}$ nicht irreduzibel, sondern

(4) $$A^{(1)}(x_i) = C^{(1)}(x_i)\, D^{(1)}(x_i),$$

wo $C^{(1)}$ und $D^{(1)}$ Polynome in $K[x_0, \ldots, x_n]$ von positivem Grade sind, so haben alle Polynome des Ideals J mindestens den Grad von $A^{(1)}$. Die Polynome $C^{(1)}$ und $D^{(1)}$ gehören mithin nicht zu J, wohl aber ihr Produkt, d. h. J kann kein Primideal sein.

Bei unserer projektiven Auffassung haben nun die Formen an sich keine Bedeutung, sondern nur ihre Nullstellenmengen. Die Gesamtheit aller Punkte des P_n, deren Koordinaten die Beziehung

$$f(x_0, \ldots, x_n) = 0$$

erfüllen, nennt man Hyperfläche (s. Einleitung zu Bd. 1). Die Gesamtheit der Formen eines Ideals definiert damit eine bestimmte Menge von Hyperflächen, und uns interessieren nur solche Ideale, bei denen die Hyperflächen dieser Menge einen nicht leeren Durchschnitt haben. Dieser Durchschnitt heißt die Nullstellenmenge des betr. Ideals. Man erfaßt sie ersichtlich bereits dadurch, daß man alle durch Nullsetzen der linken Seiten von (1) entstehenden sog. Basishyperflächen von J zum Schnitt bringt. Gemäß Satz 1 sind nun die irreduziblen ebenen algebraischen Kurven und die irreduziblen algebraischen Flächen des P_3 Nullstellenmengen von Primidealen. Es ist daher sinnvoll, in Verallgemeinerung hiervon festzusetzen:

Definition 3: Die Nullstellenmengen von Primidealen aus $K[x_0, \ldots, x_n]$ heißen irreduzible algebraische Mannigfaltigkeiten über K.

In der Bezeichnung „Kurve“ und „Fläche“ ist ferner eine Beziehung auf Dimensionen angedeutet. Nun sind freilich nur die Gesamtheiten aller reellen Punkte einer reellen Kurve oder Fläche im Sinne der Topologie (s. Franz, Sa. Gö. 1181) Mengen der Dimension 1 oder 2. Im komplexen Bereich sind diese Dimensionszahlen zu verdoppeln. Die Algebra liefert aber ein einfaches Mittel, allgemein für die soeben definierten algebraischen Mannigfaltigkeiten eine Dimension zu erklären. Zunächst kann man von dem Ring der Restklassen aller Polynome aus $K[x_0, \ldots, x_n]$ nach einem Ideal $J < K[x_0, \ldots, x_n]$ sprechen. Dabei gehören 2 Polynome in die gleiche Restklasse, wenn ihre Differenz ein Polynom aus J ist. Ist J ein Primideal, so ist sein Restklassenring nullteilerfrei und kann somit zu einem Körper erweitert werden (s. Hasse, Höhere Algebra I, Sa. Gö. 931). Dieser Körper $K_{\mathfrak{P}}$ besitzt einen zu K selber isomorphen Teilkörper; denn die Konstanten von K repräsentieren je für sich Restklassen nach $\mathfrak{P}$, denen sie angehören. $K_{\mathfrak{P}}$ kann somit in vereinfachter Sprechweise als Erweiterung von K aufgefaßt werden. Als solcher besitzt er einen gewissen Transzendenzgrad t über K (s. Hasse l. c.). In dem für uns allein wichtigen Fall, wo $\mathfrak{P}$ ein H-Ideal ist, geben wir dann folgende

Definition 4: $M(\mathfrak{P})$ sei die nach Definition 3 zu dem Primideal $\mathfrak{P} < K[x_0, \ldots, x_n]$ gehörige algebraische Mannigfaltigkeit, der Restklassenkörper $K_{\mathfrak{P}}$ besitze über K den Transzendenzgrad t, dann heißt

$$d = t - 1$$

die Dimension von $M(\mathfrak{P})$.

Wir überzeugen uns jetzt davon, daß diese Definition auch das erfaßt, was man von ihr erwartet. Wir wollten das Nullideal 0 mit zu den Primidealen zählen; die Nullstellenmenge $M(0)$ ist dann aber offenbar der ganze n-dimensionale projektive Raum P_n. Andererseits ist der Restklassenkörper K_0 der Körper aller rationalen Funktionen von $x_0, \ldots, x_n$ über K, d. h. eine rein transzendente Erweiterung von K des Transzendenzgrades $n + 1$. Unsere Definition 4 ergibt bei $\mathfrak{P} = 0$ mithin das Richtige. Ist $\mathfrak{P}$ das von dem irreduziblen Polynom $f(x_0, \ldots, x_n)$ erzeugte Hauptideal und kommt in f die Variable x_i wirklich vor, so läßt sich der Körper $K_{\mathfrak{P}}$ so erzeugen: Man adjungiere erst die freien Variablen $x_0, \ldots, x_{i-1}, x_{i+1}, \ldots, x_n$ zu K und erkläre darauf K als algebraische Erweiterung von $K[x_0, \ldots, x_{i+1}, \ldots, x_n]$. $K_{\mathfrak{P}}$ hat also den Transzendenzgrad n, und $M(\mathfrak{P})$ hat gemäß Def. 4, wie es sein soll, die Dimension $n - 1$.

Der Restklassenkörper $K_{\mathfrak{P}}$ nach dem durch (1) erzeugten Primideal $\mathfrak{P}$ habe den Transzendenzgrad t. Dann läßt sich $K_{\mathfrak{P}}$ auch so erzeugen: Man erweitere K durch t der Variablen x_i erst rein transzendent und adjungiere dann die übrigen $n + 1 - t$ Variablen algebraisch (s. Hasse, Höhere Algebra I, Sa. Gö. 931 Krull I, Sa. Gö. 930) vermittels der Relationen:

(5) $$A^{(1)}(x_0, \ldots, x_n) = 0, \ldots, A^{(g)}(x_0, \ldots, x_n) = 0\,.$$

Dies bedingt, daß in (5) gelten muß

(6) $$g \geqq n - t + 1$$

und daß es t der Veränderlichen x_i gibt, zwischen denen allein aus (5) keine algebraische Relation folgt. Die Numerierung sei so gewählt, daß $x_0, \ldots, x_{t-1}$ derart „algebraisch unabhängig“ in (5) sind. Dann muß (5) im kleinen nach $x_t, \ldots, x_n$ auflösbar sein. Die $A^{(i)}$ seien so numeriert, daß die ersten $n - t + 1$ Gleichungen (5) nach $x_t, \ldots, x_n$ auflösbar sind zu

(7) $$x_t = \alpha_t(x_0, \ldots, x_{t-1}), \ldots, x_n = \alpha_n(x_0, \ldots, x_{t-1})\,.$$

Dies in die restlichen $g - (n - t + 1)$ Gleichungen eingesetzt, muß Funktionen von $x_0, \ldots, x_{t-1}$ ergeben, die identisch verschwinden. Dies bedeutet wiederum:

Aus der Matrix

(8) $$\begin{pmatrix} \dfrac{\partial A^{(1)}}{\partial x_0}, \ldots, \dfrac{\partial A^{(1)}}{\partial x_n} \\ \cdots\cdots\cdots\cdots \\ \dfrac{\partial A^{(g)}}{\partial x_0}, \ldots, \dfrac{\partial A^{(g)}}{\partial x_n} \end{pmatrix}$$

verschwindet die Determinante

(9) $$\begin{vmatrix} \dfrac{\partial A^{(1)}}{\partial x_t}, \ldots, \dfrac{\partial A^{(1)}}{\partial x_n} \\ \cdots\cdots\cdots\cdots \\ \dfrac{\partial A^{(n-t+1)}}{\partial x_t}, \ldots, \dfrac{\partial A^{(n-t+1)}}{\partial x_n} \end{vmatrix}$$

nicht identisch, während alle $n - t + 2$-reihigen Determinanten aus (8) (sofern es solche gibt) auf Grund der Relationen (5) identisch verschwinden.

Diese Vorbemerkungen gestatten es nun, sinnvoll in Verallgemeinerung eines bekannten Begriffs bei den Hyperflächen folgendes festzulegen:

Definition 5: $\mathfrak{P}$ sei ein Primideal aus $K[x_0, \ldots, x_n]$ mit der Nullstellenmenge $M(\mathfrak{P})$ der Dimension d. Eine Basis für $\mathfrak{P}$ sei (1), so daß also für die Punkte von $M(\mathfrak{P})$ die Relationen (5) erfüllt sind. Der Punkt $P_0(p_0, \ldots, p_n) < M(\mathfrak{P})$ heißt dann einfach oder regulär, wenn die Matrix (8) nach Einsatz der Koordinaten von P_0 eine Zahlenmatrix aus K von Rang $n-d$ ist; andernfalls heißt P_0 für $M(\mathfrak{P})$ singulär.

Im einfachen Punkt P_0 der durch (5) definierten algebraischen Mannigfaltigkeit $M(\mathfrak{P})$ sind gemäß Def. 5 mindestens $n-d$ der g Hyperflächen (5) regulär, die Ableitungen ihrer Gleichungen verschwinden in P_0 nicht alle, und sie besitzen somit in P_0 Tangentialhyperebenen. Der Durchschnitt aller an die Hyperflächen (5) in P_0 erklärten Tangentialhyperebenen hat nach Def. 5 die Dimension d.

Dies führt zu der

Definition 6: Im einfachen Punkt P_0 der durch (5) definierten d-dimensionalen algebraischen Mannigfaltigkeit $M(\mathfrak{P})$ heißt Tangentialraum $T_d(P_0)$ der Durchschnitt der Tangentialhyperebenen der durch (5) erklärten Hyperflächen.

Besonders einfach sind die nulldimensionalen Mannigfaltigkeiten. Denn es gilt

Satz 2. Die nulldimensionalen Mannigfaltigkeiten des P_n über K sind die Punkte des P_n.

Beweis: $\mathfrak{P}$ sei ein Primideal aus $K[x_0, \ldots, x_n]$ mit einem Restklassenkörper vom Transzendenzgrad 1. Dann entsteht der Körper $K_{\mathfrak{P}}$ aus K durch Adjunktion einer Transzendenten, etwa von x_0 und nachfolgender algebraischer Erweiterung. Hieraus folgt zunächst unmittelbar, daß $M(\mathfrak{P})$ nur aus endlich vielen Punkten

$$P_0^{(1)}, \ldots, P_0^{(r)} < P_n$$

bestehen kann. $\mathfrak{P}$ ist das System aller für die Koordinaten sämtlicher $P_0^{(i)}$ verschwindenden Polynome. Wäre nun $r > 1$, so könnte $\mathfrak{P}$ kein Primideal sein. Denn man nehme ein Polynom $A(x_0, \ldots, x_n)$, das für $P_0^{(2)}, \ldots, P_0^{(r)}$, aber nicht für $P_0^{(1)}$ verschwindet und ein Polynom $B(x_0, \ldots, x_n)$, das für $P_0^{(1)}$ verschwindet. Weder A noch B würden dann zu $\mathfrak{P}$ gehören, wohl aber ihr Produkt $A\,B$.

Für uns kommen nur die zu $n = 2$ und 3 gehörigen Fälle algebraischer Mannigfaltigkeiten des P_2 und P_3 in Frage. Wenn man von den trivialen Fällen des gesamten P_2, P_3 und der Punkte darin absieht, gibt es folgende Möglichkeiten: In der Ebene P_2 als eindimensionale Mannigfaltigkeiten die irreduziblen ebenen Kurven und im P_3 als zweidimensionale Mannigfaltigkeiten die irreduziblen Flächen. Neu hinzu kommen nur noch die eindimensionalen Mannigfaltigkeiten des P_3. Diese nennt man auch algebraische Raumkurven. Zu ihnen gehören auch die ebenen irreduziblen Kurven k_n. Denn wird k_n als Gebilde des P_3 in geeigneten Koordinaten durch

$$x_3 = 0\,, \; f(x_0, x_1, x_2) = 0 \tag{10}$$

bei irreduziblem f definiert, so ergibt sich unmittelbar, daß auch durch die Basis

$$(x_3, f(x_0, x_1, x_2))$$

ein Primideal $\mathfrak{P}$ definiert wird mit einer $M(\mathfrak{P})$ der Dimension 1.

Wenn die linken Seiten von (5) kein Primideal als Basis ergeben, aber (5) doch eine nicht leere Nullstellenmenge M hat, so ist M im allgemeinen Vereinigungsmenge mehrerer algebraischer Mannigfaltigkeiten $M^{(1)}, \ldots, M^{(s)}$. Diese Vereinigung nennt man öfters insbesondere, wenn die $M^{(i)}$ alle die gleiche Dimension haben, ebenfalls algebraische Mannigfaltigkeit. So sprechen wir ja auch in der Ebene und im P_3 von zerfallenden Kurven und Flächen.

§ 16. Definition und Grundeigenschaften der kubischen Normkurven

Im § 14 erwähnten wir bereits ein durch 2 quadratische Kegel F_2, G_2 mit gemeinsamer Geraden aufgespanntes Büschel. Die Basismenge dieses Büschels soll hier näher untersucht werden. Mit folgendem Satz werden wir wieder auf dies Büschel geführt werden.

Satz 1. F_2 und G_2 seien Kegel vom Rang 3 mit verschiedenen Spitzen A_0, B_0, jedoch derart, daß die Verbindungsgerade C_1 von A_0, B_0 beiden Kegeln angehört. Die Punkte, die F_2 und G_2 außerhalb von C_1 gemein haben, sollen ferner nicht auf einem Kegelschnitt liegen. Dann lassen sich solche Koordinaten einführen, daß F_2 und G_2 je die Gleichunger

$$(1) \qquad x_0x_2 - x_1^2 = 0 \quad \text{und} \quad x_1x_3 - x_2^2 = 0$$

haben.

Beweis: Die Kegel F_2 und G_2 mit den Spitzen A_0, B_0 mögen die Voraussetzungen des Satzes erfüllen. Die Tangentialebenen von F_2 und G_2 längs C_1 mögen je mit T_2^A und T_2^B bezeichnet werden. Wir zeigen zunächst, daß $T_2^A \neq T_2^B$ ist. Bei $T_2^A = T_2^B$ hätten F_2 und G_2 einen gemeinsamen ebenen Schnitt; gemäß § 14, Satz 2 würden die gemeinsamen Punkte von F_2 und G_2 außerhalb von C_1 auf einem Kegelschnitt liegen, was der Voraussetzung widerspricht. Wegen $T_2^A \neq T_2^B$ können wir jetzt solche Koordinaten (y^i) wählen, daß

$$(2) \qquad A_0(0, 0, 0, 1),\ B_0(1, 0, 0, 0),\ T_2^A(y_2 = 0),\ T_2^B(y_1 = 0)$$

gilt. Da T_2^A nicht Tangentialebene von G_2 ist, wohl aber die Spitze B_0 von G_2 enthält, schneidet T_2^A den Kegel G_2 außer in C_1 noch in einer Geraden $B_1 > B_0$; ebenso bestehe der Schnitt $T_2^B \frown F_2$ aus C_1 und der weiteren Geraden $A_1 > A_0$ (s. Bild 12). F_2 und G_2 mögen längs A_1 und B_1 je die Tangen-

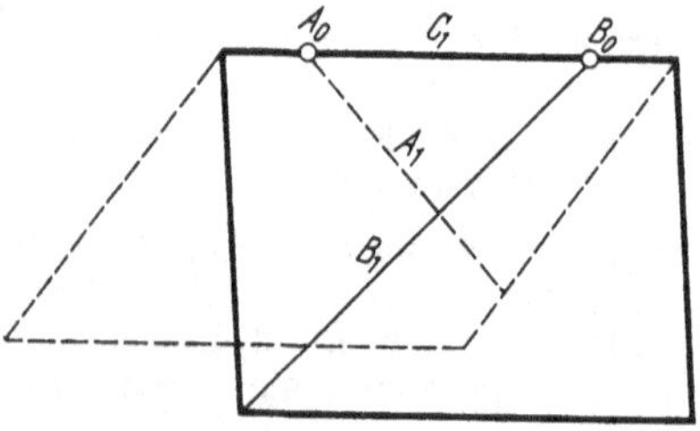

Abb. 12

tialebenen S_2^A und S_2^B besitzen. Diese Ebenen schneiden sich in einer zu C_1 windschiefen Geraden D_1. Auf D_1 wählen wir die weiteren Eckpunkte $(0, 1, 0, 0)$ und $(0, 0, 1, 0)$ des Systems, so daß außer (2) noch

$$S_2^A(y_0 = 0), \; S_2^B\,(y_3 = 0) \tag{3}$$

gilt. Nunmehr haben F_2 und G_2 Gleichungen der Gestalt

$$2a_{02}y_0y_2 + a_{11}y_1^2 = 0\,, \; 2b_{13}y_1y_3 + b_{22}y_2^2 = 0\,. \tag{4}$$

Weil F_2 und G_2 beide vom Rang 3 sind, dürfen die 4 Konstanten in (4) sämtlich nicht verschwinden. Durch die weitere Koordinatenänderung:

$$y_0 = -\frac{\sqrt{b_{22}}}{2a_{02}}x_0, \; y_1 = \frac{x_1}{\sqrt{a_{11}}}, \; y_2 = \frac{x_2}{\sqrt{b_{22}}}, \; y_3 = -\frac{\sqrt{a_{11}}}{2b_{13}}x_3 \tag{5}$$

bei irgendeiner Bestimmung der Wurzeln erreicht man schließlich die Formen (1) für die Gleichungen von F_2 und G_2.

Definition: Die Menge aller nicht auf der gemeinsamen Geraden C_1 gelegenen Punkte der beiden Kegel F_2 und G_2 von Satz 1 einschließlich der beiden Kegelspitzen A_0 und B_0 heißt kubische Normkurve und werde mit V_1^3 bezeichnet.

Satz 2. Die Koordinaten der Punkte der soeben definierten kubischen Normkurve V_1^3 lassen sich unter Benutzung des Systems von Satz 1 in der Form

$$x_0 = u^3, \; x_1 = u^2v, \; x_2 = uv^2, \; x_3 = v^3 \tag{6}$$

schreiben, und alle Punkte des P_3, deren Koordinaten sich in der Form (6) schreiben lassen, liegen auf der V_1^3.

Beweis: $P_0(p_0, p_1, p_2, p_3)$ sei ein von A_0, B_0 verschiedener Punkt von V_1^3, d. h. es gelte:

$$p_0p_2 - p_1^2 = p_1p_3 - p_2^2 = 0\,; \tag{7}$$

dabei verschwinden p_1, p_2 nicht beide, da dann $P_0 < C_1$ gelten würde. Es sei

$$p_1 \neq 0\,. \tag{8}$$

Dann dürfen zufolge (7) auch alle übrigen p_i nicht verschwinden, und wir schließen aus (7):

$$(9)\quad \frac{p_0}{p_1} = \frac{p_1}{p_2} = \frac{p_2}{p_3} = \alpha, \text{ d. h. } p_0 = \alpha^3 p_3,\ p_1 = \alpha^2 p_3,\ p_2 = \alpha p_3$$

und setzen

$$(10)\qquad \beta = \sqrt[3]{p_3}$$

unter irgendeiner Bestimmung der Wurzel. Aus (9) und (10) ergibt sich dann die behauptete Darstellung der Koordinaten von P_0 in der Form (6) für $u = \alpha, v = \beta$. Umgekehrt erfüllen alle Koordinaten der Form (6) mit $u \neq 0$, $v \neq 0$ die Gleichungen (1), ohne daß für sie $x_1 = x_2 = 0$ gilt, d. h. die zugehörigen Punkte liegen auf V_1^3. Für $(u = 0, v = 1)$ und $(u = 1, v = 0)$ erfaßt man hinterher auch noch die Punkte $A_0, B_0 < V_1^3$.

Zur vollständigen Beschreibung der V_1^3 als Schnitt von Quadriken muß man zu F_2 und G_2 mit den Gleichungen (1) noch eine dritte Quadrik H_2 hinzunehmen, die V_1^3 ganz, aber von der Geraden C_1 nur die auf V_1^3 gelegenen Punkte A_0 und B_0 enthält. Aus der Parameterdarstellung (6) ergibt sich, daß man für H_2 die durch $x_0x_3 - x_1x_2 = 0$ definierte Quadrik nehmen kann. Dies führt zu folgendem

Satz 3. Die kubische Normkurve V_1^3 mit der Darstellung (6) läßt sich auch als Nullstellenmenge von

$$(11)\qquad x_0x_2 - x_1^2 = 0,\ x_1x_3 - x_2^2 = 0,\ x_0x_3 - x_1x_2 = 0$$

definieren.

Beweis: Es ist unmittelbar ersichtlich, daß die Koordinaten der V_1^3 mit der Parameterdarstellung (6) die Relationen (11) erfüllen. Weitere Punkte als die von V_1^3 kann aber das Nullstellengebilde von (11) nicht enthalten. Denn die beiden ersten Gleichungen (11) verschwinden außer für die Punkte von V_1^3 nur noch für die der Geraden C_1 $(x_1 = x_2 = 0)$. Von C_1 liegen aber nur die zu V_1^3 gehörigen Punkte $A_0(0, 0, 0, 1)$ und $B_0(1, 0, 0, 0)$ auf der dritten Quadrik von (11).

Es ist zweckmäßig, das zu V_1^3 als Nullstellenmenge gehörige Ideal in folgender Weise zu definieren: Menge aller Polynome $A(x_0, x_1, x_2, x_3)$, die für alle Punkte der V_1^3 verschwinden, d. h. für die

$$\Phi(u, v) \equiv A(u^3, u^2v, uv^2, v^3) \equiv 0 \tag{12}$$

gilt. Diese Gesamtheit J erweist sich zunächst unmittelbar als ein Ideal, und wir haben den

Satz 4. Die Gesamtheit J aller Polynome $A(x_i)$ aus $K[x_0, x_1, x_2, x_3]$ mit der Eigenschaft (12) ist ein Primideal.

Beweis: $A_1(x_i)$ gehöre nicht zu J; dann hat $\Phi_1(u, v) = A_1(u^3, u^2v, uv^2, v^3)$ nur endlich viele Nullstellen, da es nicht identisch verschwindet. Das gleiche gilt für das durch $A_2(x_i)$ definierte $\Phi_2(u, v)$, wenn $A_2(x_i)$ gleichfalls nicht zu J gehört. Damit verschwindet aber auch das durch

$$A_1(u^3, u^2v, uv^2, v^3)\, A_2(u^3, u^2v, uv^2, v^3) = \Phi_1\Phi_2 = \Phi(u, v)$$

definierte $\Phi(u, v)$ nicht identisch. Das Produkt A_1A_2 kann somit nicht zu J gehören, wenn dies weder für A_1 noch A_2 der Fall ist.

Auf Grund der Definitionen von Kap. 2 und Satz 4 erweist sich V_1^3 somit als algebraische Mannigfaltigkeit. Zur Basis des zugehörigen Primideals J gehören die linken Seiten von (11). Es ist rechnerisch etwas weniger bequem zu zeigen, daß dies auch eine Basis für J ist. Doch auch ohne den Nachweis hierfür können wir beweisen den

Satz 5. Die durch (6) definierte algebraische Mannigfaltigkeit V_1^3 ist eine Raumkurve, die nur reguläre Punkte hat. Im Punkt P_0 mit den Parametern (u, v) wird die Tangente $T_1(P_0)$ von V_1^3 durch die Punkte

$$(3u^2,\ 2uv,\ v^2,\ 0) \text{ und } (0,\ u^2,\ 2uv,\ 3v^2) \tag{13}$$

aufgespannt.

Beweis: Die 3 Flächen (11) besitzen im Punkt $P_0(u^3, u^2v, uv^2, v^3)$, sofern er für sie regulär ist, je Tangentialebenen mit den Gleichungen:

$$
(14)\qquad \begin{aligned}
uv^2x_0 - 2u^2v\,x_1 + u^3x_2 \qquad\quad &= 0\\
v^3x_1 - 2uv^2x_2 + u^2vx_3 &= 0\\
v^3x_0 - uv^2x_1 - u^2vx_2 + u^3x_3 \; &= 0\,.
\end{aligned}
$$

Für $u \neq 0$, $v \neq 0$ verschwinden die linken Seiten von (14) nicht identisch; (14) sind also die Gleichungen von 3 Ebenen. Für $u = 0$, $v = 1$ und $u = 1$, $v = 0$ verschwindet je eine der 3 Gleichungen (13) identisch, und die beiden anderen reduzieren sich entsprechend auf $x_3 = 0$, $x_0 = 0$ und $x_2 = 0$, $x_3 = 0$. Ferner sind die beiden Punkte (13) für alle nicht gleichzeitig verschwindenden u, v gewiß von einander verschieden. Man rechnet sofort aus, daß sie die Relationen (14) erfüllen. Mindestens 2 der linken Seiten in (14) sind linear unabhängig, wie man sieht. Da die durch (14) definierten Ebenen aber die durch (13) aufgespannte Gerade $T_1(P_0)$ enthalten, sind auch nicht mehr als 2 der linken Seiten in (14) linear unabhängig. Durch

$$A(x_0, x_1, x_2, x_3) = 0$$

mit der Bedingung (12) werde eine weitere Fläche F unseres Ideals J definiert. Hat F in P_0 eine Tangentialebene, so hat diese in den Koordinaten y_i die Gleichung

$$(15)\qquad \sum_{i=0}^{3} \left(\frac{\partial A}{\partial x_i}\right) y_i = 0\,,$$

wobei in $\left(\frac{\partial A}{\partial x_i}\right)$ für die x_j die Parameterdarstellung (6) einzusetzen ist. Nun sind ersichtlich die Koordinaten in (13) durch Ableitung von (6) nach u und v entstanden. Daraus folgt aber sofort durch Ableiten der Identität (12) nach u und v: Die Ebene (15) enthält die beiden Punkte (13) und damit die von ihnen aufgespannte Gerade $T_1(P_0)$. Im Sinne der Definitionen von § 15 sind wir somit berechtigt zu sagen: V_1^3 ist eine eindimensionale algebraische Mannigfaltigkeit, besitzt nur reguläre Punkte und in jedem Punkt P_0 eine Tangente $T_1(P_0)$.

Bekanntlich kann man in geeigneten Koordinaten und Parametern jeden regulären Kegelschnitt durch eine Parameterdarstellung

(16) $$x_0 = u^2,\ x_1 = uv,\ x_2 = v^2$$

beschreiben. Ein Vergleich zwischen (6) und (16) zeigt, daß die V_1^3 sich als eine Art räumliches Analogon zu den mit V_1^2 zu bezeichnenden Kegelschnitten auffassen lassen. Früher nannte man die V_1^3 daher auch oft „räumliche Kegelschnitte". Ihre weitere Verallgemeinerung zu den sog. rationalen Normkurven V_1^n des n-dimensionalen Raumes P_n ergibt sich aus (6) und (16) unmittelbar. Doch liegen diese Dinge außerhalb unseres Rahmens*). In diesem und den folgenden Abschnitten sollen nur noch einige wichtige Eigenschaften der V_1^3 behandelt werden, aus denen z. T. ihre Analogie zu den Kegelschnitten deutlich werden wird.

Satz 6. Die V_1^3 läßt sich auch durch

(17) $$\begin{aligned} x_0 &= a_{00}u^3 + a_{01}u^2v + a_{02}uv^2 + a_{03}v^3 \\ &\text{— — — — — —} \\ x_3 &= a_{30}u^3 + a_{31}u^2v + a_{32}uv^2 + a_{33}v^3 \end{aligned}$$

definieren, wobei die Matrix (a_{ij}) rechts eine nicht verschwindende Determinante hat.

Beweis: Durch reguläre Variablenänderungen kann man wegen $\det(a_{ij}) \neq 0$ von (17) zu (6) übergehen, womit alles bewiesen ist.

Wir bleiben im weiteren bei der bequemeren Definition (6) der V_1^3 und zeigen zunächst den

Satz 7. Die Punkte der V_1^3 sind den Punkten U_0 der Parametergeraden U_1 eineindeutig zugeordnet, und jede Autokollineation τ von U_1 induziert eine solche τ' des P_3, wobei die Punkte von V_1^3 ebenso einander zugeordnet sind, wie die entsprechenden Punkte von U_1.

Beweis: Jedem Punkt $U_0 < U_1$ ist vermöge (6) ein solcher von V_1^3 zugeordnet. Umgekehrt bestimmt der Punkt (a_0, a_1, a_2, a_3) der V_1^3 bei $a_3 \neq 0$ in $\frac{a_2}{a_3}$ den Quotienten $\frac{u_0}{v_0}$ der zugehörigen Parameter. Bei $a_3 = 0$ kann es sich nur um den

*) Vgl. dazu Burau, Mehrdim. proj. u. höh. Geom., Kap. V, Berlin 1961.

von

$$u_0 = 1,\ v_0 = 0 \text{ herrührenden Punkt } (1, 0, 0, 0)$$

handeln. Ist ferner durch

$$(18) \qquad u' = \alpha u + \beta v,\ v' = \gamma u + \delta v \text{ mit } \begin{vmatrix} \alpha\beta \\ \gamma\delta \end{vmatrix} \neq 0$$

die Autokollineation τ von U_1 bestimmt, so ergibt sich zufolge (6) in

$$(19) \quad \begin{aligned} x_0' &= \alpha^3 x_0 + 3\alpha^2\beta x_1 + 3\alpha\beta^2 x_2 + \beta^3 x_3 \\ x_1' &= \alpha^2\gamma x_0 + (2\alpha\beta\gamma + \alpha^2\delta)x_1 + (\beta^2\gamma + 2\alpha\beta\delta)x_2 + \beta^2 x_3 \\ x_2' &= \alpha\gamma^2 x_0 + (2\alpha\gamma + \beta\gamma^2)x_1 + (2\beta\gamma + \alpha\delta^2)x_2 + \beta\delta^2 x_3 \\ x_3' &= \gamma^3 x_0 + 3\gamma^2\delta x_1 + 3\gamma\delta^2 x_2 + \delta^3 x_3 \end{aligned}$$

eine Autokollineation τ' von P_3, die das im Satz Verlangte leistet. Die Determinante von (19) ist gleichzeitig mit $\begin{vmatrix} \alpha\beta \\ \gamma\delta \end{vmatrix}$ von 0 verschieden. Dies braucht nicht umständlich ausgerechnet zu werden, sondern ergibt sich auch durch folgende geometrische Überlegung: (19) ist auf allen Punkten von V_1^3 erklärt, d. h. die rechten Seiten von (19) verschwinden für die $P_0 < V_1^3$ nicht; als Bildpunkte treten wieder alle $P_0' < V_1^3$ auf. Die Punkte von V_1^3 spannen aber den P_3 auf. Wäre (19) singulär, so müßten die Bildpunkte da, wo (19) erklärt ist, nur einen echten Teilraum $P_d < P_3$ $(d < 3)$ aufspannen.

Man sagt für die soeben bewiesene Tatsache auch kurz: Die V_1^3 besitzt ebenso wie die Gerade eine dreigliedrige Gruppe Γ_3 von Autokollineationen. Hierbei kann man insbesondere jeden Punkt der V_1^3 durch geeignete Transformationen von Γ_3 in jeden anderen überführen, d. h. Γ_3 ist auf V_1^3 punkttransitiv und nach dem Hauptsatz der projektiven Geometrie sogar transitiv hinsichtlich der Menge aller Tripel verschiedener Punkte auf V_1^3. Von diesen Tatsachen macht man mit Vorteil Gebrauch bei der Herleitung projektiver Eigenschaften der V_1^3. Eine ganz einfache Anwendung bringt z. B. der folgende

Satz 8. Die V_1^3 wird aus einem beliebigen ihrer Punkte Z_0 in einen Kegelschnitt V_1^2 projiziert.

Beweis: Der die V_1^3 enthaltende Kegel K_2^2 mit der Gleichung $x_0x_2 - x_1^2 = 0$ hat seine Spitze $S_0(0, 0, 0, 1)$ auf V_1^3. Er wird ersichtlich erzeugt durch die Geraden mit der Parameterdarstellung:

$$(20) \qquad x_0 = \lambda u^2, \quad x_1 = \lambda uv, \quad x_2 = \lambda v^2, \quad x_3 = \mu .$$

Hierunter kommt für $u = 1, v = 0$ auch die Tangente $T_1(S_0)$ von V_1^3 vor, während die übrigen Geraden (20) S_0 mit allen sonstigen Punkten von V_1^3 verbinden. Damit ist der Satz für $Z_0 = S_0$ bewiesen. Vermittels der Autokollineationen der V_1^3 kann nun K_2^S in einen Kegel K_0^Z übergeführt werden, der seine Spitze in einem beliebigen Punkt $Z_0 < V_1^3$ hat und dessen Erzeugende jetzt die Rollen von projizierenden Strahlen durch Z_0 spielen. Damit ist alles gezeigt.

Über die Projektionen von V_1^3 aus anderen Punkten des Raumes wird im § 19 noch die Rede sein.

Wir wollen jetzt untersuchen, wie die V_1^3 als Teilmenge einer regulären Quadrik Q_2 aufzufassen ist. Für Q_2 nehmen wir die Fläche aus (11) mit der Gleichung $x_0x_3 - x_1x_2 = 0$ und der Parameterdarstellung:

$$(21) \qquad x_0 = s_0t_0, \; x_1 = s_0t_1, \; x_2 = s_1t_0, \; x_3 = s_1t_1 ;$$

die Punkte der Q_2 sind gemäß (21) dann den Paaren von Punkten

$$(22) \qquad (S, T) \text{ mit } S < S_1, \; T < T_1$$

je der Parametergeraden S_1 und T_1 eindeutig zugeordnet. Die Parameterdarstellung (6) der V^3 erhält man, wenn man in (21) setzt:

$$(23) \qquad s_0 = u^2, \; s_1 = v^2, \; t_0 = u, \; t_1 = v .$$

Dies gibt Veranlassung zu folgendem

Satz 9. Die kubische Normkurve V_1^3 kann auch so definiert werden: Faßt man eine reguläre Quadrik Q_2 als Bildmenge der Paare (22) auf und gibt eine reguläre (2, 1)-Korrespondenz $\varkappa$ zwischen S_1 und T_1 vor, so ist $V_1^3 < Q_2$ die Bildmenge der Punktepaare von $\varkappa$.

Beweis: Wir definieren die Q_2 durch (21) und wählen die Parameter (s_0, s_1), und (t_0, t_1) gleich so, daß die gegebene Korrespondenz durch die Normalgleichung

$$t_0^2 s_1 - t_1^2 s_0 = 0 \tag{24}$$

definiert ist (s. Einleitung). (24) ist zu (23) gleichwertig, und wir erhalten sofort die V_1^3 als Bildmenge der Punktepaare von $\varkappa$.

In § 20 werden wir allgemein algebraische Kurven auf Quadriken definieren und dabei sehen, zu welchem Sondertyp unsere V_1^3 gehören.

Als Beispiel einer V_1^3 nehmen wir die in affinen Koordinaten durch

$$x = a\,\frac{1-3t^2}{1+t^2}\,,\; y = b\,\frac{3t-t^3}{1+t^2}\,,\; z = ct \tag{25}$$

definierte Kurve (s. Bild 13). Sie liegt auf dem Hyperboloid

$$\frac{x^2}{a^2} + \frac{y^2}{b^2} + \frac{z^2}{c^2} - 1 = 0 \tag{26}$$

und hat in der Fernebene 2 komplexe und einen reellen Punkt mit der Tangente (Asymptote): $x = -3a$, $y = -\frac{b}{c}\,z$.

Einen interessanten Zusammenhang zwischen den V_1^3 und den in Kap. I behandelten kubischen Regelflächen bringt der folgende

Satz 10. Die V_1^3 ist auf der Plückerquadrik Q_4 Bildmenge der erzeugenden Geraden einer kubischen Regelfläche des allgemeinen Typs.

Beweis: Gemäß Einleitung A werden die gemeinsamen Treffgeraden der zueinander windschiefen Geraden a_1 und b_1 den Punkten einer regulären Quadrik Q_2 auf der Plückerquadrik Q_4 eineindeutig zugeordnet. Dabei sind die Büschel durch die Punkte von a_1 und b_1 je den Erzeugenden der beiden Scharen auf Q_2 zugeordnet. Gemäß Kap. I, § 8, Satz 3 definieren nun die Erzeugenden einer allgemeinen kubischen Regelfläche zwischen den Punkten der Leitlinien a_1, b_1 eine (2, 1)-Korrespondenz $\varkappa$. Unser Satz ist demnach eine einfache Folgerung von Satz 9.

Wir bemerken noch, daß der Satz 10 auch für die Erzeugendenschar der Cayleyschen Regelfläche richtig ist. Die Schar ist dann aber auf die V_1^3 innerhalb eines quadratischen Kegels K_2 auf Q_4 abgebildet, wie der Leser selber nachprüfen möge. Alle diese Beziehungen eröffnen einen neuen Zugang zu den kubischen Regelflächen: Man definiere die sog. kubischen Regelscharen einfach als Bildmengen kubischer Normkurven V_1^3 auf der Plückerquadrik Q_4.*)

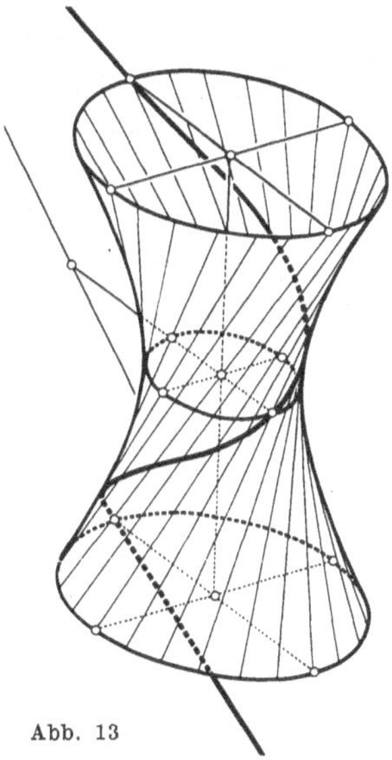

Abb. 13

§ 17. Dualgebilde zur kubischen Normkurve V_1^3 und ihrer Sehnenkongruenz

Wir gehen wieder von der durch die Parameterdarstellung (6) in § 16 definierten kubischen Normkurve V_1^3 aus. Diese V_1^3 schneiden wir mit einer Ebene P_2', die die Gleichung

$$\xi_0' x_0 + \xi_1' x_1 + \xi_2' x_2 + \xi_3' x_3 = 0 \tag{1}$$

mit konstanten ξ_i' besitzt. Die Parameter der Schnittpunkte $P_2' \subset V_1^3$ erfüllen demnach die Beziehung:

$$\xi_0' u^3 + \xi_1' u^2 v + \xi_2' u v^2 + \xi_3' v^3 = 0\,, \tag{2}$$

so daß die V_1^3 höchstens 3 verschiedene Punkte mit einer Ebene gemein hat. Die Ordnung der V_1^3 ist 3 in Einklang

*) Weitere Einzelheiten über kubische Raumkurven finden sich bei Wood und Staude (s. Lit.).

mit der Bezeichnung „kubisch". Denn man kann auch umgekehrt von einer kubischen Form (2) mit 3 vorgegebenen Wurzeln ausgehen. Die entsprechende Ebene (1) schneidet dann V_1^3 in den 3 zu diesen Wurzeln gehörigen Punkten. Die Wurzeln in (2) brauchen nun nicht alle voneinander verschieden zu sein, und je nachdem ob eine Wurzel in (2) einfach, zweifach oder dreifach ist, heißt auch der entsprechende Schnittpunkt von P_2' mit V_1^3 einfach, zweifach oder dreifach. Eine geometrische Kennzeichnung der nicht einfachen Schnittpunkte enthält der folgende

Satz 1. Eine Ebene (1), von deren Schnittpunkten mit V_1^3 der Punkt A_0 mindestens zweifach zählt, enthält die Tangente von V_1^3 in A_0 und umgekehrt.

Beweis: Dieser Satz ist unmittelbar einzusehen, wenn A_0 der Punkt (0, 0, 0, 1) ist. Denn dann folgt aus (1) und (2), daß eine Ebene, für deren Schnitt mit V_1^3 der Punkt A_0 mehrfach zählt, eine Gleichung der Form

$$\xi_0' x_0 + \xi_1' x_1 = 0 \tag{3}$$

hat. Jede Ebene (3) enthält aber die durch $x_0 = x_1 = 0$ beschriebene Tangente $T_1(A_0)$. Umgekehrt hat jede Ebene durch $T_1(A_0)$ eine Gleichung der Form (3), und aus (2) folgt dann, daß A_0 für eine solche Ebene als Schnitt mit V_1^3 mindestens doppelt zählt. Durch die Autokollineation der V_1^3 werden nun Tangenten gewiß wieder in Tangenten übergeführt, und damit erweist sich der Satz auch richtig, wenn A_0 ein beliebiger Punkt der V_1^3 ist.

Die Ebenen von speziellstem Verhalten bez. der V_1^3 erhalten einen besonderen Namen gemäß folgender

Definition: Schmiegebene der V_1^3 im Punkt A_0 heißt eine solche Ebene, deren Schnitt der Punkt A_0 dreifach zählt, d. h. die V_1^3 nur in A_0 schneidet.

Gemäß Satz 1 gibt es durch jeden Punkt $A_0 < V_1^3$ eine Schmiegebene $T_2(A_0)$, die gleichzeitig auch die Tangente $T_1(A_0)$ enthält. Hat A_0 die Parameter (u_0, v_0), d. h. gemäß § 16 (6) die Koordinaten:

$$x_0 = u_0^3,\ x_1 = u_0^2 v_0,\ x_2 = u_0 v_0^2,\ x_3 = v_0^3\,, \tag{4}$$

so ist die Ebene P_2' mit der Gleichung (1) genau dann Schmiegebene in A_0, wenn (2) die u_0, v_0 als dreifache Wurzel besitzt, d. h. wenn nach vorheriger Multiplikation der ξ_i' mit einem geeigneten $\varrho \neq 0$ gilt:

$$(5) \qquad \xi_0' u^3 + \xi_1' u^2 v + \xi_2' u v^2 + \xi_3' v^3 = (u v_0 - v u_0)^3 .$$

Aus (5) folgt durch Vergleich:

$$(6) \quad \xi_0' = v_0^3,\ \xi_1' = -3v_0^2 u_0,\ \xi_2' = 3v_0 u_0^2,\ \xi_3' = -u_0^3 .$$

Lassen wir jetzt (u_0, v_0) wieder die Koordinaten aller Punkte der Parametergeraden U_1 von V_1^3 durchlaufen, so folgt aus (6):

Satz 2. Die Gesamtheit aller Schmiegebenen der V_1^3 bildet ein zu V_1^3 selber duales, mit $\hat{V}_1^3$ zu bezeichnendes Gebilde.

Die gemäß § 16, Satz 6 vorhandenen Autokollineationen der V_1^3 führen nun ersichtlich die Schmiegebenen der V_1^3 wieder in solche über, sind also auch Autokollineationen der $\hat{V}_1^3$. Man könnte zeigen, daß es auch keine anderen Autokollineationen der V_1^3 und damit der $\hat{V}_1^3$ gibt. Uns genügt folgende einfachere Aussage:

Satz 3. Es gibt keine von der Identität verschiedene Autokollineation der V_1^3, die alle Punkte von V_1^3 festläßt.

Beweis: Die Autokollineation α von V_1^3 lasse alle Punkte von V_1^3 fest, also auch die 5 voneinander verschiedenen Punkte $A, B, C, D, E < V_1^3$. Von diesen Punkten liegt keiner in der von irgendwelchen 3 anderen Punkten bestimmten Ebene, also kann α nach dem Hauptsatz der projektiven Ebene nur die identische Transformation sein.

In der Existenz des Gebildes $\hat{V}_1^3$ haben wir eine weitere Analogie zu den Kegelschnitten V_1^2, bei denen die Tangenten ein zu den Punkten von V_1^2 duales Gebilde $\hat{V}_1^2$ sind. Der Übergang von einem Punkt $A_0 < V_1^2$ zu seiner Tangente läßt sich ferner zu einer involutorischen Korrelation der Ebene, der sog. Polarität bezüglich V_1^2, fortsetzen. Auch diese Polarität besitzt ihr räumliches Gegenstück gemäß

Satz 4. Die Beziehung der Punkte $P_0 < V_1^3$ auf ihre Schmiegebenen P_2' läßt sich zu einer wohlbestimmten Nullkorrelation $\varkappa$ des P_3 fortsetzen.

Beweis: Aus (4) und (5) folgt, daß die durch

$$(7) \qquad \xi_0' = x_3,\ \xi_1' = -3x_2,\ \xi_2' = 3x_1,\ \xi_3' = -x_0$$

definierte Korrelation $\varkappa$ jedem Punkt $P_0 < V_1^3$ seine Schmiegebene P_2' zuordnet. Angenommen, die Korrelation $\varkappa'$ habe die gleiche Eigenschaft. Durch die Aufeinanderfolge von $\varkappa$ und $\varkappa'$ gelangen wir nun zu einer jeden Punkt von V_1^3 festhaltenden Kollineation, was nach Satz 3 die Identität sein muß. Also ist $\varkappa = \varkappa'$. Wegen der schiefen Symmetrie der Matrix der Transformation (7) ist $\varkappa$ ferner eine Nullkorrelation (s. Einleitung A).

Wegen dieses Satzes nennt man $\varkappa$ auch die Fundamentalkorrelation von V_1^3.

Eine Ebene, die V_1^3 in 3 verschiedenen Punkten schneidet, geht in eine Schmiegebene über, wenn diese 3 Punkte zusammenrücken. Daher sind die Schmiegebenen auch das, was man von der Differentialgeometrie her so zu bezeichnen hat (s. Strubecker, Sa. Göschen, Bd. 1113/1113a). Für die Tangenten war dies ihrer Definition nach schon klar.

Man kann nun ganz allgemein von Dualkurven als den dualen Gegenstücken von Raumkurven sprechen, so daß also unsere obige $\hat{V}_1^3$ als Dualkurve zu bezeichnen wäre (vgl. die entsprechenden Dualisierungen im Gebiet der Flächen in § 3). Statt von regulären Punkten und Tangenten in solchen Punkten hat man allgemein bei den Dualkurven von regulären Ebenen und sog. Dualtangenten darin zu sprechen. Von den Tangenten wissen wir bereits, daß sie die Grenzlagen der Sehnen, d. h. der Verbindungsgeraden verschiedener Punkte der V_1^3, sind. Um die Dualtangenten von V_1^3 auch also solche Grenzgebilde zu erklären, geben wir folgende

Definition: Dualsehnen der V_1^3 bzw. der damit verbundenen $\hat{V}_1^3$ heißen die Schnittgeraden von 2 verschiedenen

Schmiegebenen der V_1^3. (In der älteren Literatur sagte man hierfür „Biplanaren".)

Die Dualtangenten sind dann Grenzlagen der Dualsehnen. Die Gesamtheit aller Sehnen und Tangenten der V_1^3 heißt ihre Sehnenkongruenz*); ihr steht dual gegenüber die Dualsehnenkongruenz als Gesamtheit der Dualsehnen und Dualtangenten. Über diese Gebilde gilt jetzt folgender

Satz 5. Eine Tangente der V_1^3 ist gleichzeitig Dualtangente der mit V_1^3 verbundenen $\hat{V}_1^3$. Die Sehnen- und die Dualsehnenkongruenz der V_1^3 sind verschiedene Geradenmengen, die als Durchschnitt nur die Menge der Tangenten haben.

Beweis: Bei der Fundamentalkorrelation $\varkappa$ von Satz 4 gehen Tangenten in Dualtangenten über; ferner werden die Mengen aller Tangenten und Dualtangenten bei den Autokollineationen der V_1^3 je in sich transformiert. Man braucht daher für den ersten Teil des Satzes nur zu zeigen, daß eine einzige Tangente bei $\varkappa$ sich selber entspricht. Dies ist aber zufolge (7) gewiß richtig, wenn man etwa die durch $x_0 = x_1 = 0$ definierte Tangente nimmt. Weiterhin sei $G_1 = A_0 \cup B_0$ die Verbindungssehne der Punkte A_0 und B_0 aus V_1^3. Bei $\varkappa$ entspricht G_1 die Schnittgerade $G_1' = A_2' \cap B_2'$ der Schmiegebenen A_2' und B_2' je in den Punkten A_0 und B_0. Die Dualsehne G_1' enthält nun weder A_0 noch B_0, da A_2' nicht B_0 und B_2' nicht A_0 enthält. Aber auch kein von A_0 und B_0 verschiedener Punkt $C_0 < V_1^3$ kann auf G_1' liegen, da C_0 dann auf A_2' und B_2' liegen würde, was nicht der Fall ist. Der Satz ist hiermit bewiesen.

§ 18. Projektive Erzeugungen der V_1^3, ihrer Sehnenkongruenzen und der entsprechenden Dualgebilde

In § 13 brachten wir projektive Erzeugungen der kubischen Flächen. Auch die Gebilde des vorliegenden Kapitels, d. h. die V_1^3, ihre Sehnenkongruenzen und das, was dem

*) Mit „Kongruenz" bezeichnet man in der Liniengeometrie alle von 2 Parametern abhängenden Geradenmengen.

dual entspricht, lassen sich mit Vorteil nach Art der Kegelschnitte und Quadriken projektiv erzeugen. Wir behandeln erst die projektive Erzeugung der Sehnenkongruenzen einer V_1^3. Grundlegend dafür ist der folgende

Satz 1. Gegeben seien die kubische Normkurve V_1^3 mit den festen Punkten A_0, A_0' auf ihr. Die Ebene $P_2 > A_0$ möge A_0' nicht enthalten und V_1^3 in den 3 verschiedenen Punkten A_0, P_0, Q_0 schneiden. Dann ordnen wir P_2 die Ebene

$$P_2' = A_0' \cup P_0 \cup Q_0$$

zu. Ist $P_2 = A_0 \cup T_1(C_0)$, wo $T_1(C_0)$ die Tangente im Punkt $C_0 = A_0$ bedeutet, so ordnen wir P_2 die Ebene $P_2' = A \cup T_1(C_0)$ zu, wenn $C_0 = A_0'$ ist bzw. die Schmiegebene von A_0' bei $C_0^1 = A_0$. Schließlich läßt man der Schmiegebene von A_0 die Ebene $T_1(A_0) \cup A_0'$ entsprechen, so daß durch die vorgeschriebenen Zuordnungen jeder Ebene $P_2 > A_0$ eine Ebene $P_2' > A_0'$ entspricht. Dies definiert eine projektive Beziehung des Bündels der Ebenen durch A_0 auf das der Ebenen durch A_0'.

Beweis: Wir nehmen ohne Beschränkung der Allgemeinheit an, A_0 und A_0' mögen zu den Parametern $u = 0$, $v = 1$ und $u = 1$, $v = 0$ gehören, d. h. die Punkte $A_0(0, 0, 0, 1)$ und $A_0(1, 0, 0, 0)$ sein. Dann haben die Ebenen $P_2 > A_0$ und $P_2' > A_0'$ je Gleichungen der Form

$$(1) \quad \xi_0 x_0 + \xi_1 x_1 + \xi_2 x_2 = 0 \text{ und } \xi_1' x_1 + \xi_2' x_2 + \xi_3' x_3 = 0\,.$$

Nach der Vorschrift des Satzes sind sie genau dann einander zugeordnet, wenn in den gemäß § 17 (2) ihnen je entsprechenden kubischen Formen

$$(2) \qquad u(\xi_0 u^2 + \xi_1 uv + \xi_2 v^2) \text{ und } v(\xi_1' u^2 + \xi_2' uv + \xi_3' v^2)$$

außer der jeweiligen Wurzel ($u = 0, v = 1$) und ($u = 1, v = 0$) nur gemeinsame Wurzeln haben. Dies bedeutet jedoch, die beiden quadratischen Formen in den Klammern von (2) haben gemeinsame Wurzeln, und dies hat zur Folge, es gilt

$$(3) \qquad \xi_1' = \varrho\xi_0\,, \quad \xi_2' = \varrho\xi_1\,, \quad \xi_3' = \varrho\xi_2$$

für ein gewisses $\varrho \neq 0$. Durch (3) wird jedoch die behauptete projektive Beziehung zwischen den Ebenen der Bündel durch A_0 und A_0' beschrieben.

Hierauf beruht der folgende

Satz 2. Gegeben sei eine reguläre projektive Beziehung π zwischen den Ebenen je durch die Punkte A_0 und A_0' $(A_0 \neq A_0')$. Dabei hat π nur folgende Bedingung zu erfüllen: Niemals entspricht eine gleichzeitig durch A_0 und A_0' gehende Ebene bei π sich selber. Dann ist die Gesamtheit der Schnittgeraden entsprechender Ebenen die Sehnenkongruenz einer V_1^3.

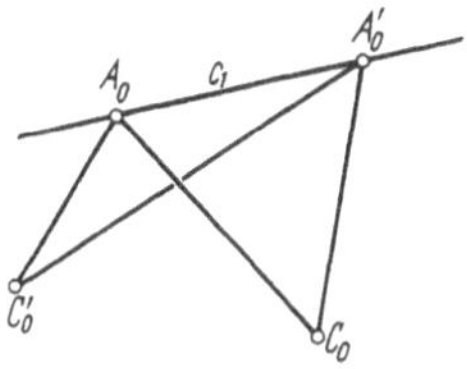

Abb. 14

Beweis: In der gegebenen Projektivität π zwischen den Bündeln der Ebenen je durch A_0 und A_0' darf das Büschel aller Ebenen durch die Gerade $c_1 = A_0 \cup A_0'$ nicht sich selber entsprechen. Denn dann würde es gegen die Voraussetzung mindestens eine sich selbst zugeordnete Ebene durch c_1 geben. Es ist also das Büschel der Ebenen durch c_1 bei π dem der Ebenen durch die Gerade $c_1' > A_0'$ zugeordnet, wobei $c_1' \neq c_1$. Wir nennen C_2' die Verbindungsebene von c_1 und c_1' und setzen:

$$C_2' = \pi(C_2),\ D_2' = \pi(C_2'),\ C_2 = \pi(D_2)\,. \tag{4}$$

Dabei gilt $D_2 > A_0$, $D_2' > A_0'$, aber D_2 enthält nicht A_0' und D_2' nicht A_0. Denn andernfalls würde das ganze c_1-Büschel bei π sich selber entsprechen, was nicht sein darf, wie wir wissen. Gemäß unserer Voraussetzung muß auch $C_2 \neq C_2'$ sein. Wir nennen noch

$$C_0 = D_2 \cap D_2' \cap C_2 \text{ und } C_0' = D_2 \cap D_2' \cap C_2' \tag{5}$$

(s. Bild 14) und wählen solche Koordinaten, daß

$$A_0(0, 0, 0, 1),\ A_0'(1, 0, 0, 0),\ C_0(0, 1, 0, 0),\ C_0'(0, 0, 1, 0) \tag{6}$$

und die Ebenen je durch A_0 und A_0' Gleichungen der Art:

$$\xi_0 x_0 + \xi_1 x_1 + \xi_2 x_2 = 0,\ \ \xi_1' x_1 + \xi_2' x_2 + \xi_3' x_3 = 0 \tag{7}$$

haben. Die Bedingungen (4) und (6) besagen dann, wie man leicht nachrechnet, daß π durch eine Diagonalmatrix, d. h.:

$$(8) \qquad \xi_1' = a_0\xi_0, \quad \xi_2' = a_1\xi_1, \quad \xi_3' = a_2\xi_2$$

beschrieben wird. Schließlich sei $E_2 > A_0$ eine Ebene, die keine der 3 Geraden durch A_0 aus dem Bild enthält; dann gilt Entsprechendes auch für $E_2' = \pi(E_2)$. Im Einklang mit dem schon Festgelegten können wir jetzt die Einheitsebene des Systems (mit der Gleichung $x_0 + x_1 + x_2 + x_3 = 0$) so wählen, daß sie die Gerade $E_2 \frown E_2'$ enthält. Dann werden die Konstanten in (8) alle einander gleich, und wir haben gefunden: Die Schnittgeraden entsprechender Ebenen sind die Sehnen und Tangenten der durch § 16 (6) definierten V_1^3.

Mit diesem Satz haben wir auch sofort sein duales Gegenstück gewonnen, das so lautet:

Satz 3. Gegeben seien 2 verschiedene Ebenen A_2 und A_2' des P_3 und eine projektive Beziehung zwischen den Punkten derselben, jedoch von der Art, daß kein Punkt der Geraden $A_2 \frown A_2'$ sich selber entspricht. Dann erzeugt die Gesamtheit der Verbindungsgeraden zugeordneter Punkte von A_2 und A_2' die Kongruenz der Dualsehnen einer $\hat{V}_1^3$.

Durch die Erzeugungen von Satz 2 und 3 gewinnen wir nicht die V_1^3 oder $\hat{V}_1^3$ direkt, sondern die damit zusammenhängenden Kongruenzen. Damit hat man aber auch die V_1^3 selber. Denn es gilt

Satz 4. Für die Sehnenkongruenz S einer V_1^3 ist die V_1^3 selber Ort der singulären Punkte, d. h. derjenigen Punkte, durch die unendlich viele Geraden von S gehen. Dual hierzu: Die Schmiegebenen von V_1^3 und nur sie sind singulär für die Kongruenz der Dualsehnen von $\hat{V}_1^3$, d. h. in ihnen liegen unendlich viele Kongruenzgeraden.

Beweis: Durch den Punkt $P_0 < V_1^3$ gehen außer der Tangente in P_0 noch unendlich viele Sehnen. Würden nun durch einen nicht auf V_1^3 gelegenen Punkt H_0 mehr als eine Sehne oder Tangente von V_1^3 gehen, so hätte man auch eine Ebene durch H_0, die die Kurve in Punkten von höherer Vielfachheitssumme als 3 schneidet. Damit ist der erste Teil des Satzes bewiesen, der zweite folgt daraus durch Dualisieren.

Es gibt nun aber auch projektive Erzeugungen, die direkt die Punkte der V_1^3 liefern:

Satz 5. Gegeben seien die 3 paarweise windschiefen Geraden a_1, a_1', a_1'' des P_3. Die Ebenen durch a_1 seien auf die Ebenen durch a_1' und a_1'' vermittels der projektiven Abbildungen π' und π'' bezogen. π' und π'' seien so allgemein, daß die 3 zugeordneten Ebenen

$$(9) \qquad P_2 > a_1, \quad \pi'(P_2) > a_1', \quad \pi''(P_2) > a_1''$$

stets nur einen Punkt gemein haben. Der Ort des Punktes

$$P_0 = P_2 \frown \pi'(P_2) \frown \pi''(P_2),$$

wenn P_2 alle Ebenen durch a_1 durchläuft, ist dann eine V_1^3.

Beweis: Wir wählen solche Koordinaten, daß

$$(10) \qquad a_1 : (x_0 = x_1 = 0), \quad a_1' : (x_2 = x_3 = 0)$$

gilt. Zunächst betrachten wir nur die projektive Beziehung zwischen den Büscheln durch a_1 und a_1'. Diese erzeugen eine quadratische Regelschar von Geraden, die a_1, a_1' schneiden. Die Koordinaten seien ferner so gewählt, daß die zugehörige Quadrik Q_2' folgende Parameterdarstellung besitzt:

$$(11) \qquad x_0 = \lambda\lambda', \; x_1 = \lambda\mu', \; x_2 = \mu\lambda', \; x_3 = \mu\mu'.$$

Die Gerade a_1'' soll a_1 nicht schneiden und kann also durch

$$(12) \qquad x_2 = \alpha x_0 + \beta x_1, \quad x_3 = \gamma x_0 + \delta x_1$$

beschrieben werden. Die Ebenen der Büschel durch a_1 und a_1'' schreiben sich mithin wegen (10) und (12) in der Form:

$$(13) \qquad \mu' x_0 - \lambda' x_1 = 0,$$

$$(14) \qquad \mu''(\alpha x_0 + \beta x_1 - x_2) - \lambda''(\gamma x_0 + \delta x_1 - x_3) = 0;$$

die gegebene projektive Beziehung π'' werde durch die lineare

Abbildung

$$\lambda'' = \alpha'\lambda' + \beta'\mu' \,, \quad \mu'' = \gamma'\lambda' + \delta'\mu' \tag{15}$$

zwischen den Büschelparametern in (13) und (14) definiert. Setzt man (15) und (11) in (14) ein, so ergibt sich die Beziehung

$$\begin{aligned}(\gamma'\lambda' + \delta'\mu')(\alpha\lambda\lambda' + \beta\lambda\mu' - \mu\lambda') \\ + (\alpha'\lambda' + \beta'\mu')(\gamma\lambda\lambda' + \delta\lambda\mu' - \mu\mu') = 0 \,.\end{aligned} \tag{16}$$

Die linke Seite von (16) ist eine in den λ, μ lineare und in den λ' μ' quadratische Form. Also definiert (16) eine $(1, 2)$-Korrespondenz $\varkappa$ zwischen den Punkten der beiden Parametergeraden von Q_2'. Gemäß § 16, Satz 9 ist nun der Ort der $\varkappa$ entsprechenden Punkte auf Q_2' eine V_1^3, wenn $\varkappa$ nicht zerfällt. Falls aber $\varkappa$ zerfällt, spaltet die linke Seite von (16) einen Faktor $(\lambda'\mu_0' - \mu'\lambda_0')$ mit konstanten λ_0', μ_0' ab. Durch (16) wird dann also eine Punktmenge auf Q_2' beschrieben, die aus einer Geraden g_1 und einem Kegelschnitt k_2 besteht, der seinerseits wieder entarten kann. g_1 wird dabei durch $\lambda' = \lambda_0'$, $\mu' = \mu_0'$ beschrieben und gehört zu der a_1 und a_1' schneidenden Schar. Die 3 zugeordneten Ebenen

$$\begin{aligned}&\mu_0'x_0 - \lambda_0'x_1 = 0 \,, \quad \mu_0'x_2 - \lambda_0'x_3 = 0 \,, \\ &(\gamma'\lambda_0' + \delta'\mu_0')\,(\alpha x_0 + \beta x_1 - x_2) \\ &+ (\alpha'\lambda_0' + \beta'\mu_0')\,(\gamma x_0 + \delta x_1 - x_3) = 0\end{aligned}$$

unserer Grundbüschel würden sich jetzt aber in g_1 schneiden, und dies widerspräche der Voraussetzung. Also darf $\varkappa$ nicht zerfallen, und alles ist bewiesen.

Das hiermit zugleich schon bewiesene duale Gegenstück zu Satz 5 ist der

Satz 6. Gegeben seien die 3 paarweise windschiefen Geraden a_1, a_1', a_1'' und projektive Beziehungen zwischen den Punkten von a_1 und a_1' sowie a_1 und a_1'' von der Art, daß 3 so zugeordnete Punkte aus a_1, a_1' und a_1'' stets eine Ebene aufspannen. Der Ort aller dieser Ebenen ist dann eine $\hat{V}_1^3$.

§ 19. Rationale Kubiken der Ebene als Projektionen der V_1^3

Wir hatten die V_1^3 durch (6) oder (17) in § 16 d. h. durch eine rationale Parameterdarstellung definiert. Man sagt daher auch, die V_1^3 ist eine rationale Kurve, ein Begriff, der sich von der Ebene, wo er uns schon begegnet ist (s. Bd. 1), ohne weiteres auf den P_3 und allgemein den P_n überträgt. Wir hatten in § 16 ferner die V_1^3 aus einem ihrer Punkte P_0 in einen Kegelschnitt V_1^2 projiziert. Wir wollen jetzt noch die Projektionen der V_1^3 aus anderen Punkten des P_3 untersuchen, benötigen dazu vorher aber noch folgende beiden Sätze:

Satz 1. Unter den Quadriken der Linearschar

$$\lambda_0(x_0x_2 - x_1^2) + \lambda_1(x_1x_3 - x_2^2) + \lambda_2(x_0x_3 - x_1x_2) = 0, \tag{1}$$

welche alle die V_3^1 mit der Parameterdarstellung

$$x_0 = u^3,\ x_1 = u^2v,\ x_2 = uv^2,\ x_3 = v^3 \tag{2}$$

enthalten, gibt es je einen Kegel mit der Spitze in einem beliebigen Punkt $S_0 < V_1^3$, jedoch keine weiteren entarteten Quadriken.

Beweis: Daß alle Quadriken des Netzes (1) die V_1^3 aus (2) enthalten, sahen wir schon in 16. Durch Nullsetzen der Determinante von (1) rechnet man leicht aus, daß eine Quadrik aus (1) genau dann entartet, wenn

$$\lambda_0\lambda_1 - \lambda_2^2 = 0 \tag{3}$$

gilt. (3) kann als Gleichung eines Kegelschnitts der (λ_i)-Ebene in folgender Weise parametrisiert werden:

$$\lambda_0 = p^2,\ \lambda_1 = q^2,\ \lambda_2 = pq\,. \tag{4}$$

Die Quadrik mit der Gleichung

$$f = p^2(x_0x_2 - x_1^2) + q^2(x_1x_3 - x_2^2) + pq(x_0x_3 - x_1x_3) = 0 \tag{5}$$

stellt nun, wie man an den Ableitungen $\dfrac{\partial f}{\partial x_i}$ sieht, einen Kegel mit der Spitze im Punkt

$$S_0(q^3,\ -pq^2,\ p^2q, -p^3) < V_1^3$$

dar. Damit ist alles gezeigt.

Satz 2. Durch jeden nicht auf V_1^3 gelegenen Punkt P_0 gibt es genau eine Sehne oder Tangente der V_1^3. Bezüglich der Gruppe Γ_3 aller Autokollineationen von V_1^3 sind je zueinander äquivalent: a) Alle von den Stützpunkten verschiedenen Punkte aller Sehnen der V_1^3; b) alle von den Berührungspunkten verschiedenen Punkte aller Tangenten von V_1^3; c) alle Punkte von V_1^3.

Beweis: P_0 sei ein Punkt außerhalb von V_1^3. Dann bilden alle Quadriken des Netzes (1), die P_0 enthalten, ein Büschel $B(P_0)$. In der (λ_i)-Ebene entspricht diesem Büschel eine Gerade Λ_1, und je nachdem Λ_1 den Kegelschnitt (3) in 2 verschiedenen Punkten schneidet oder berührt, enthält $B(P_0)$ zwei oder einen Kegel. Es gibt daher gewiß einen P_0 enthaltenden Kegel K_2; die Spitze von K_2 ist nach Satz 1 ein Punkt A_0 auf V_1^3 und die Gerade $A_0 \cup P_0$ mithin, wie behauptet, Sehne oder Tangente von V_1^3. Mehr als eine Sehne oder Tangente kann es durch P_0 nicht geben, wie wir schon in § 16 sahen. Denn keine Ebene darf V_1^3 in Punkten von höherer Vielfachheitssumme als 3 schneiden. Zum Beweis des 2. Teils nehmen wir erst an, die Gerade G_1 verbinde die beiden verschiedenen Punkte $A_0, B_0 < V_1^3$. Dann kann durch Transformationen der Untergruppe $U^{A,B} < \Gamma_3$, die A_0 und B_0 festläßt, offenbar immer noch jeder Punkt $C_0 < V_1^3$ außerhalb von A_0, B_0 in jeden anderen derartigen Punkt überführt werden. $U^{A,B}$ führt auch die Schmiegebenen der V_1^3, soweit sie von den Schmiegebenen A_2', B_2' in A_0 und B_0 verschieden sind, transitiv ineinander über. Diese Schmiegebenen schneiden nun ersichtlich G_1 in der Menge aller Punkte außerhalb von A_0, B_0. Diese Menge ist also auch bei $U^{A,B}$ transitiv. In der vollen Gruppe Γ_3 sind nun wiederum alle Sehnen zueinander äquivalent, so daß Γ_3 in der Menge aller nicht auf V_1^3 gelegenen Punkte sämtlicher Sehnen von V_1^3 transitiv wirkt. Nunmehr sei G_1 die Tangente von V_1^3 im Punkt A_0. Dann hat man die Untergruppe U^A aller A_0 festhaltenden Transformationen von Γ^3 zu betrachten. U^A wirkt nach der gleichen Schlußweise wie oben transitiv in der Menge aller Punkte $G_0 < G_1$ mit $G_0 \neq A_0$. Da alle Tangenten als ganze bei T_3 zueinander äquivalent sind, ist bewiesen, daß es auch alle von den Berührungspunkten verschiedene Punkte sämtlicher Tangenten von V_1^3 sind.

Wir wollen jetzt die V_1^3 aus einem Punkt S_0 außerhalb von V_1^3 auf eine Ebene projizieren. Dazu ist S_0 mit allen Punkten von V_1^3 zu verbinden. Die Menge der so entstehenden Projektionsstrahlen erzeugt einen kubischen Kegel $K_3(S_0)$. und aus Satz 2 folgt: Es gibt höchstens 2 projektiv verschiedene Typen von $K_3(S_0)$, je nachdem ob durch S_0 eine Sehne oder eine Tangente von V_1^3 geht. Durch Schnitt von $K_3(S_0)$ mit einer S_0 nicht enthaltenden Ebene erhält man eine ebene Kubik, in die V_1^3 projiziert wird. Wir zeigen jetzt den

Satz 3. Als Projektion der V_1^3 aus dem nicht auf ihr gelegenen Punkt S_0 ergibt sich eine ebene Kubik k_3 mit Spitze der Doppelpunkt, je nachdem ob S_0 auf einer Tangente oder Sehne von V_1^3 liegt.

Beweis: Gemäß Satz 2 genügt es, für S_0 zwei verschiedene Lagen anzunehmen. Zunächst sei $S_0(0, 0, 1, 0)$ ein vom Berührungspunkt $A_0(0, 0, 0, 1)$ verschiedener Punkt der Tangente $G_1(x_0 = x_1 = 0)$. Durch Projektion von S_0 auf die Ebene E_2 mit der Gleichung $x_2 = 0$ entsteht in E_2 die Kubik mit der Parameterdarstellung

$$(6) \qquad x_0 = u^3,\ x_1 = u^2v,\ x_3 = v^3$$

und der hieraus folgenden Gleichung

$$(7) \qquad x_0^2x_3 - x_1^3 = 0\ ;$$

ersichtlich stellt (7) eine Kurve mit Spitze in (0, 0, 1) dar (s. Bd. I, § 4). Für den 2. Teil nehmen wir S_0 als (1, 0, 0, 1) an. Der Bequemlichkeit halber führen wir durch

$$(8) \qquad y_0 = x_0 + x_3,\ y_1 = x_0 - x_3,\ y_2 = x_1,\ y_3 = x_2$$

die Veränderlichen y_i ein, so daß die V_1^3 darin durch

$$(9) \qquad y_0 = u^3 + v^3,\ y_1 = x_0 - x_3,\ y_2 = x_1,\ y_3 = x_2$$

definiert ist. Für S_0 verschwinden jetzt die y_i bis auf y_0. Durch Projektion von S_0 wird aus V_1^3 die Kubik mit der

Parameterdarstellung

(10) $$y_1 = u^3 - v^3,\ y_2 = u^2v,\ y_3 = uv^2$$

und der Gleichung:

(11) $$y_1y_2y_3 - y_2^3 + y_3^3 = 0\,,$$

was ersichtlich eine Kubik mit dem Doppelpunkt (1, 0, 0) darstellt.

Es wäre zweckmäßig, die ebenen rationalen Kubiken auf diese Weise zu definieren. Denn es geht z. B. jetzt deutlich hervor, wie ihre Singularitäten erst durch Projektionen entstehen. Es ist nicht ohne Reiz, bekannte Dinge aus Band 1 auf diesem Wege neu herzuleiten. Als Beispiel dafür bringen wir den

Satz 4. Eine rationale, ebene Kubik besitzt einen oder 3 Wendepunkte, je nachdem ob sie eine Spitze oder einen Doppelpunkt hat. Im zweiten Fall sind die 3 Wendepunkte kollinear.

Beweis: S_0 sei ein Punkt außerhalb der V_1^3 und V_1^3 werde von S_0 aus in die ebene Kubik k_3 projiziert. Dabei gehen gewiß Tangenten von V_1^3 in solche von k_3 über. Wendetangenten von k_3 erhält man, wenn die projizierenden Ebenen dieser Tangenten mit V_1^3 nur einen Punkt gemein haben, d. h. Schmiegebenen sind. Zunächst liege S_0 auf einer Sehne; dann gehen durch S_0, wie wir wissen, 3 verschiedene Schmiegebenen, und die 3 Berührungspunkte derselben liegen auf einer Ebene $S_2' > S_0$, nämlich derjenigen Ebene S_2', die S_0 in der fundamentalen Nullkorrelation $\varkappa$ von § 17 entspricht. Die Doppelpunktskubik hat also 3 Wendepunkte, und diese liegen auf einer Geraden, die aus S_2' durch Projektion entstanden ist. Liegt S_0 auf der Tangente G_1 der V_1^3 und ist verschieden vom Berührungspunkt A_0, so gehen durch S_0 nur 2 Schmiegebenen; die eine davon, A_2', berührt in A_0, die andere B_2' in einem Punkt B_0. Bei der Projektion von S_0 aus entsteht aus A_2' offenbar die Spitzentangente und aus B_2 die einzige Wendetangente, deren Existenz nachzuweisen war.

§ 20. Einige allgemeine Tatsachen über doppeltbinäre Formen und Kurven auf Quadriken

Die weiteren Beispiele algebraischer Raumkurven werden wie die soeben behandelte V_1^3 alles Kurven auf regulären Quadriken sein. Diese Kurven lassen sich in ähnlicher Weise wie die ebenen Kurven behandeln, wie wir in diesem Abschnitt sehen werden.

Wie üblich werde die reguläre Quadrik Q_2 durch

(0) $$x_0 = u_0 v_0,\ x_1 = u_0 v_1,\ x_2 = u_1 v_0,\ x_3 = u_1 v_1$$

definiert als Bildmenge aller Paare von Punkten je der Geraden U_1, V_1. Um jetzt algebraische Kurven auf der Q_2 mit Hilfe der Parameter u_i, v_j aus (1) zu erklären, benötigt man Formen, die sowohl in den u_i als auch in den v_j homogen sind. Wir geben daher die

Definition 1. Ein Polynom

$$f(u_0, u_1;\ v_0, v_1) < K[u_0, u_1,\ v_0, v_1]\,,$$

das in den beiden Paaren u_0, u_1 und v_0, v_1 homogen ist, heißt doppeltbinäre Form. Diese Form sei von den Graden (p, q) genannt, wenn sie in den u_i den Grad p und in den v_j den Grad q hat. Die p und q sind dabei ganze Zahlen mit $p \geqq 0$ und $q \geqq 0$, die nicht beide verschwinden.

Einer Form $f(x_0, \ldots, x_n)$ kann man bekanntlich nichthomogene Polynome zuordnen, indem man eine Variable gleich 1 setzt. Ist diese Variable x_0, so ist diese Zuordnung durch

(1) $$f(x_0, \ldots, x_n) \to f(1, x_1, \ldots, x_n) = F(x_1, \ldots, x_n)$$

definiert. Umgekehrt kann man dem Polynom

$$F(x_1, \ldots, x_n) \text{ vom Grade } h \text{ durch}$$

$$F\left(\frac{x_1}{x_0}, \ldots, \frac{x_n}{x_0}\right) x_0^{h+g} = f(x_0, \ldots, x_n) \text{ mit } g \geqq 0$$

Formen f zuordnen. Etwas Entsprechendes gilt im Bereich der mehrfach binären Formen. Durch die Vorschrift

(2) $$f(u_0, u_1;\ v_0, v_1) \to f(1, u_1;\ 1, v_1) = F(u_1, v_1)$$

ordnen wir der doppeltbinären Form das im allgemeinen nicht mehr homogene Polynom $F(u_1, v_1)$ zu. Umgekehrt sei das Polynom $F(u_1, v_1)$ gegeben; man hat jetzt in F die Grade in u_1 und v_1 einzeln zu zählen, und diese seien p_1 in u_1 und q_1 in v_1. Durch

$$(3) \qquad F\left(\frac{u_1}{u_0}, \frac{v_1}{v_0}\right) u_0^{p_1+g_1} v_0^{q_1+h_1} = f(u_0, u_1; v_0, v_1)$$

ordnen wir F für beliebige ganze $g_1 \geqq 0, h_1 \geqq 0$ die doppeltbinäre Form f der Grade $(p_1 + g_1, q_1 + h_1)$ zu. Alle diese Formen unterscheiden sich von einer festen unter ihnen der Grade (p_1, q_1) nur durch die Faktoren $u_0^{g_1} v_0^{h_1}$. Beschränkt man sich auf solche Formen, die keinen Faktor $u_0^{g_1} v_0^{h_1} \neq 1$ abspalten, so ist ihre Zuordnung zu den Polynomen $F(u_1, v_1)$ eineindeutig. Insgesamt können wir sagen: die doppeltbinäre Form $f(u_0, u_1; v_0, v_1)$ des derart eingeschränkten Bereichs zerfällt im Grundkörper K in ein Produkt solcher Formen, wenn die vermöge (2) ihnen zugeordneten Polynome F zerfallen und umgekehrt. Dies ergibt den

Satz 1. Durch die Vorschriften (2), (3) lassen sich doppeltbinäre Formen $f(u_0, u_1; v_0, v_1)$, die keinen Faktor $u_0^{g_1} v_0^{h_1} \neq 1$ abspalten und die von Konstanten verschiedenen Polynome $F(u_1, v_1)$ einander eineindeutig zuordnen. Hierbei sind Formen, die im Grundkörper K irreduzibel sind, auch irreduzible Polynome zugeordnet und umgekehrt.

Nunmehr können wir leicht algebraische Kurven auf Q_2 erklären durch die

Definition 2. Die durch

$$(4) \qquad f(u_0, u_1; v_0, v_1) = 0$$

auf der Q_2 mit der Parameterdarstellung (1) definierte Punktmenge heiße algebraische Kurve $C^{p,q}$, wenn die linke Seite von (4) eine doppeltbinäre Form der Grade (p, q) ist. Insbesondere heißt $C^{p,q}$ irreduzibel in K, wenn f in K nicht in Formen niederer Grade zerfällt.

Daß die so definierten irreduziblen Kurven $C^{p,q}$ dies auch im Sinne von § 15 sind, wird noch zu beweisen sein. Da f in (4) auch so zerfallen kann, daß derselbe Faktor mehrfach auftritt, läßt sich ähnlich wie bei ebenen Kurven, von solchen $C^{hp,\, hq}$ sprechen, die als h-fach zählende $C^{p,\, q}$ aufzufassen sind.

Triviale Beispiele sind die $C^{p,\, 0}$ und die $C^{0,\, q}$. Denn diese sind durch eine binäre Relation vom Grade p in den u_i oder vom Grade q in den v_i definiert, bestehen also aus p oder q Geraden der einen oder anderen Erzeugendenschar auf Q_2. Dabei brauchen diese Geraden nicht verschieden zu sein und sind demnach je mit einer Vielfachheit $\geqq 1$ zu rechnen. Die irreduziblen $C^{1,\, 1}$ und $C^{2,\, 1}$ sind uns als Kegelschnitte V_1^2 und kubische Normkurven V_1^3 bereits bekannt. Aus der Definition der $C^{p,\, q}$ entnehmen wir allgemein folgende Eigenschaft: Die $C^{p,\, q}$ schneiden die Geraden der einen Schar auf Q_1 in höchstens p und die der anderen Schar in höchstens q Punkten, sofern $C^{p,\, q}$ die betr. Gerade nicht ganz enthält. Da die beiden Geradenscharen auf Q_2 voreinander projektiv nicht ausgezeichnet sind, kommt es bei dem projektiven Typ der $C^{p,\, q}$ auf die Reihenfolge der Zahlen p und q nicht an.

Wir wollen jetzt die algebraischen Kurven auf Q_2 mit den ebenen Kurven in Beziehung bringen. Dies geschieht am einfachsten dadurch, daß man die Q_2 von einem ihrer Punkte Z_0 auf die Ebene Y_2 stereographisch projiziert. Z_0 nehmen wir als $Z_0(0, 0, 0, 1)$ an, und Y_2 werde durch $x_3 = 0$ definiert. Dann war gemäß Einleitung die Beziehung zwischen dem Punkt $Y_0(y_0, y_1, y_2)$ auf Y_2 und seinem Urbild $X_0(x_0, x_1, x_2, x_3)$ auf Q_2 durch

$$x_0 = y_0^2,\ x_1 = y_0 y_1,\ x_2 = y_0 y_2,\ x_3 = y_1 y_2 \tag{5}$$

beschrieben. Wir beschränken uns im folgenden auf eine irreduzible $C^{p,\, q} \subset Q_2$, die durch

$$\begin{aligned} c_{p\,q} u_1^p v_1^q + c_{p\,q-1} u_1^p v_1^{q-1} v_0 + c_{p-1\,q} u_1^{p-1} u_0 v_1^q \\ + \ldots + c_{10} u_1 u_0^{p-1} v_0^q + c_{01} u_0^q v_1 v_0^{q-1} + c_{00} u_0^p v_0^q = 0 \end{aligned} \tag{6}$$

beschrieben werde. Dabei ist zugelassen, daß $C^{p,\, q}$ auch Z_0 enthält, d. h. es darf in (6) $c_{p\,q}$ verschwinden. Jedoch soll $C^{p,\, q}$ nicht allein aus einer der beiden Erzeugenden Z_1^1 oder

Z_1^{II} durch Z_0 bestehen, da dies die Ausnahmegeraden der stereographischen Projektion sind. Diese Z_1^I und Z_1^{II} sind als Kurven $C^{1,0}$ und $C^{0,1}$ auf Q_2 durch

$$(7) \qquad u_0 = 0 \text{ bzw. } v_0 = 0$$

beschrieben. Es ist mithin ausgeschlossen, daß die linke Seite von (6) sich auf $c_{00}u_0$ oder $c_{00}v_0$ reduziert. Unter dieser trivialen Einschränkung hat $C^{p,q}$ gewiß Punkte, die außerhalb der Tangentialebene Z_2 des Punktes Z_0 liegen, und damit hat die ebene Projektion k_m von $C^{p,q}$ auch Punkte außerhalb der Geraden

$$(8) \qquad Y_1 = Y_2 \frown Z_2 \text{ mit der Gleichung } y_0 = 0\,.$$

Es genügt daher, $C^{p,q}$ durch die (6) entsprechende inhomogene Gleichung

$$(9) \qquad F(u_1, v_1) = c_{pq}u_1^p v_1^q + c_{pq-1}u_1^p v_1^{q-1} + c_{p-1q}u_1^{p-1}v_1^q + \dots + c_{10}u_1 + c_{01}v_1 + c_{00} = 0$$

zu beschreiben und k_m durch affine Koordinaten y_1, y_2, die aus den (y_0, y_1, y_2) dadurch entstehen, daß man $y_0 = 1$ setzt. Hierbei spielt die Ausnahmegerade Y_1 unserer Projektion die Rolle der Ferngeraden. Die Parameterdarstellung (5) unserer Q_2 in diesen affinen Parametern lautet jetzt:

$$(10) \qquad x_0 = 1,\ x_1 = y_1,\ x_2 = y_2,\ x_3 = y_1 y_2$$

und stimmt völlig mit (0) überein, wenn man darin setzt:

$$(11) \qquad u_0 = v_0 = 1,\ y_1 = u_1,\ y_2 = v_1\,.$$

Die Projektionskurve k_m der $C^{p,q}$ hat also in den affinen Koordinaten die mit (9) bis auf die Bezeichnungen der Veränderlichen übereinstimmende Gleichung:

$$(12) \qquad c_{pq}y_1^p y_2^q + \dots + c_{10}y_1 + c_{01}y_2 + c_{00} = 0\,.$$

Etwas Genaueres über die Beziehung zwischen $C^{p,q}$ und k^m sagt aus der folgende

Satz 2. Gegeben sei eine irreduzible Kurve $C^{p,q}$ auf Q_2, und $C^{p,q}$ bestehe nicht bloß aus einer Geraden Z_1^I oder Z_1^{II} durch den Punkt Z_0. Bei Projektion von Q_2 aus Z_0 in die

Ebene Y_2 geht dann $C^{p,q}$ in eine irreduzible Kurve k_{p+q-s} in Y_2 über, die in den Spurpunkten A_0, B_0 von Z_1^{I} und Z_1^{II} je Punkte der Vielfachheit $p-s$ und $q-s$ besitzt. Umgekehrt kann jede derartige k_{p+q-s} als Projektion einer $C^{p,q} < Q_2$ aufgefaßt werden. s ist hierin eine beliebige ganze Zahl mit

$$(13) \qquad 0 \leqq s \leqq \min(p, q)\,.$$

Beweis: Wir wissen bereits, daß die durch (9) und (12) definierten Kurven einander bei der Projektion aus Z_0 entsprechen. Ferner sind gewiß die Voraussetzungen von Satz 1 erfüllt, und demnach entspricht einer irreduziblen $C^{p,q}$ eine irreduzible k_m und umgekehrt. Um das behauptete Verhalten von k_m in den Fernpunkten A_0, B_0 zu beweisen, schreiben wir (12) in homogener Form als

$$(14) \qquad c_{pq} y_1^p y_2^q + c_{pq-1} y_1^p y_2^{q-1} y_0 + c_{p-1q} y_1^{p-1} y_2^q y_0 + \dots + c_{00} y_0^m = 0\,.$$

Zunächst sei $c_{pq} \neq 0$; dann geht $C^{p,q}$ nicht durch Z_0, und es ist $m = p + q$. Die k_{p+q} hat jetzt in A_0 und B_0 je Punkte der Vielfachheiten p und q, da die linke Seite von (14) in y_1, y_0 und y_2, y_0 je den Grad p und q hat. Dies ist der Fall $s = 0$ des Satzes. Jetzt sei

$$(15) \qquad m = p + q - s \text{ mit } s \geqq 1\,.$$

Dann muß in (14) gelten

(16) Alle $c_{ij} = 0$ mit $i + j > p + q - s$, aber nicht alle $c_{ij} = 0$ mit $i + j = p + q - s$.

Es enthält jetzt $C^{p,q}$ den Punkt Z_0, und die Gleichungen (6) und (14) reduzieren sich zu:

$$(17) \qquad c_{pq-s} u_1^p v_1^{q-s} v_0^s + \dots + c_{p-sq} u_1^{p-s} v_1^q u_0^s + \dots + c_{00} u_0^p v_0^q = 0$$

$$(18) \qquad c_{pq-s} y_1^p y_2^{q-s} + \dots + c_{p-sq} y_1^{p-s} y_2^q + \dots + c_{00} y_0^{p+q-s} = 0\,.$$

Die linke Seite von (18) hat in y_1, y_0 keinen niederen Grad als $p-s$ und in y_2, y_0 keinen niederen als $q-s$. Das bedeutet jedoch, k_{p+q-s} hat A_0 und B_0 je als Punkte der Mindestvielfachheiten $p-s$ und $q-s$. Wir zeigen jetzt, daß diese Vielfachheiten genau gleich $p - s$ bzw. $q - s$ sein müssen. Angenommen A_0 wäre für k_{p+q-s} von der Vielfachheit $p - s + t (t > 0)$. Dann können die nicht verschwindenden Glieder in (18) nur von der Form

$$(19) \qquad c_{ij} y_1^i y_2^j y_0^{p+q-s-i-j} \text{ mit } p + q - s - j \geqq p - s + t$$

sein; d. h. aber, es ist stets

$$(20) \qquad q - j \geqq t \geqq 1 ,$$

und das entsprechende Glied von (17) lautet

$$(21) \qquad c_{ij} u_1^i v_1^j u_0^{p-i} v_0^{q-j} .$$

Dies bedeutet aber, die Form (17) enthält wegen (20) und (21) den Faktor v_0^t, was der Irreduzibilität von $C^{p,q}$ widerspricht. Ebenso ergibt sich, daß k_{p+q-s} in B_0 die genaue Vielfachheit $q - s$ besitzt. Umgekehrt wurde durch (18) eine irreduzible Kurve k_{p+q-s} mit A_0 und B_0 als Punkten der Vielfachheiten $p - s$ und $q - s$ definiert. Dann gibt es in (18) gewiß nicht verschwindende Glieder

$$c_{ij} y_1^i y_2^j y_0^{p+q-s-i-j} \text{ mit } p + q - s - j = p - s, \text{ d. h. } q = j$$

$$c_{i'j'} y_1^{i'} y_2^{j'} y_0^{p+q-s-i'-j'} \text{ mit } p + q - s - i' = q - s, \text{ d. h. } p = i'.$$

Die entsprechenden Glieder von (17) sind

$$c_{iq} u_1^i v_1^q u_0^{p-i} \qquad \text{und} \qquad c_{pj'} u_1^p v_1^{j'} v_0^{q-j'} .$$

Ihr Vorhandensein zeigt, daß die linke Seite von (17) keinen Faktor $u_0^\alpha v_0^\beta$ abspaltet. Nach Satz 1 ist durch die Zuordnung von (17) zu (18) zu der irreduziblen k_{p+q-s} eine ebenfalls irreduzible $C^{p,q} < Q_2$ als Urbild zugeordnet.

Wir wollen jetzt den in Definition 2 erklärten Kurven $C^{p,q}$ auf Q_2 Polynomideale zuordnen, deren Nullstellengebilde sie sind. Unter den Polynomen eines solchen Ideals wird gewiß die linke Seite der Gleichung

$$(22) \qquad f_1 = x_0 x_3 - x_1 x_2 = 0$$

von Q_2 auftreten. Es sei zunächst $f(x_0, x_1, x_2, x_3)$ ein beliebiges homogenes Polynom vom Grade n. Wir setzen in f die Parameterdarstellung (0) von Q_2 ein und geben die

Definition 3. Zu einer gegebenen Form $f(x_0, x_1, x_2, x_3)$ heiße die durch

$$f(u_0 v_0, u_0 v_1, u_1 v_0, u_1 v_1) = \bar{f}(u_0, v_0; u_1, v_1) \tag{23}$$

erklärte doppeltbinäre Form $\bar{f}$ die Q_2-Parameterform von f. Es ist $\bar{f}$ dann und nur dann identisch 0, wenn die durch $f = 0$ definierte Fläche F die Quadrik Q_2 als Teil enthält. In jedem anderen Fall ist $\bar{f}$ eine doppeltbinäre Form der Grade $(2n, 2n)$. Es kann $\bar{f}$ auch bei irreduziblem F zerfallen, wie das triviale Beispiel $f = x_0$ lehrt. Wir zeigen jetzt den

Satz 3. Die Gesamtheit aller Formen $f(x_0, x_1, x_2, x_3)$, deren Q_2-Parameterform eine gegebene doppeltbinäre Form $\varphi(u_0, u_1; u_2, u_3)$ als Faktor enthält, bilden den homogenen Bestandteil eines H-Ideals J. Bei irreduziblem φ ist J ein Primideal.

Beweis: Es ist sofort klar, daß die Summe zweier Formen f_1, f_2 vom Grad n, deren Q_2-Parameterform φ als Faktor besitzt, gleichfalls diese Eigenschaft hat. Ferner hat mit f_1 auch $f \cdot f_1$ bei beliebiger Form f die genannte Eigenschaft. Hierin steckt die Idealeigenschaft der betr. Gesamtheit J von Polynomen. Nunmehr sei $\bar{f}$ im Körper K irreduzibel und definiere die irreduzible Kurve $C^{p,q}$. Diese projizieren wir aus dem nicht auf ihr gelegenen Punkt Z_0 in die nach Satz 2 gleichfalls irreduzible Kurve $k_{p+q} < Y_2$. Die Formen f_1 und f_2 mögen nicht dem Ideal I angehören. Dann werden die f_1 und f_2 zugeordneten Q_2-Parameterformen $\bar{f}_1$ und $\bar{f}_2$ durch Nullsetzen Kurven C_1 und C_2 auf Q_2 definieren; es brauchen C_1 und C_2 nicht irreduzibel zu sein, aber keiner ihrer Bestandteile fällt mit $C^{p,q}$ zusammen, wie sofort aus der stereographischen Projektion folgt. Das gleiche gilt dann aber gewiß auch für die $f_1 f_2$ zugeordnete Q_2-Parameterform $\bar{f}$. I ist also bei irreduziblem φ gewiß ein Primideal.

Wir haben mit diesem Satz den Anschluß an die Ausführungen von § 15 gefunden. Die folgenden Abschnitte sollen weitere einfache Beispiele irreduzibler Kurven auf Q_2 bringen.

§ 21. Definition und Grundeigenschaften der Raumkurven 4. Ordnung 1. Spezies

Die einfachste, den P_3 aufspannende Raumkurve ist die kubische Normkurve $V_1^3 = C^{2,1}$, die in § 16—19 behandelt wurde. Die nächste wichtige Klasse algebraischer Raumkurven, die wir jetzt untersuchen wollen, bilden die $C^{2,2}$. Diese sind auch geschichtlich als erste nach den $C^{2,1}$ behandelt worden. Wir stellen an den Anfang folgende

Definition: Die irreduziblen Raumkurven $C^{2,2}$ auf den regulären Quadriken heißen Raumkurven 4. Ordnung 1. Spezies.

Zunächst wird eine beliebige $C^{2,2} < Q_2$ gemäß § 20 durch

$$(1) \quad \varphi^{2,2} = c_{22}u_1^2v_1^2 + c_{12}u_1u_0v_1^2 + c_{21}u_1^2v_1v_0 + c_{02}u_0^2v_1^2 + c_{20}u_1^2v_0^2 + c_{11}u_1u_0v_1v_0 + c_{01}u_0^2v_1v_0 + c_{10}u_1u_0v_0^2 + c_{00}u_0^2v_0^2 = 0$$

definiert. In Verbindung mit der Parameterdarstellung (1) § 20 der Q_2 folgt hieraus der

Satz 1. Die Kurven $C^{2,2} < Q_2$ können auch durch Schnitt der Quadriken

$$(2) \quad \begin{aligned} f_1 &= x_0x_3 - x_1x_2 = 0 \\ f_2 &= c_{22}x_3^2 + c_{12}x_2x_0 + c_{21}x_2x_3 + \dots + c_{00}x_0^2 = 0 \end{aligned}$$

definiert werden, wovon mindestens die eine regulär ist.

Wie wir schon in § 14 feststellten, kann $C^{2,2}$ als Schnitt von 2 beliebigen Quadriken des durch

$$(3) \qquad \lambda f_1 + \mu f_2 = 0$$

bestimmten Büschels definiert werden. Zunächst sei untersucht, in welcher Weise eine $C^{2,2}$ zerfallen kann, wobei wir aber nur den Zerfall in einfach zählende Bestandteile berücksichtigen.

Satz 2. Eine $C^{2,2}$ kann in folgender Weise in einfach zählende Teilkurven zerfallen:

a) Kubische Normkurve V_1^3 und Sehne oder Tangente derselben,
b) Zwei Kegelschnitte, die 2 Punkte gemein haben oder sich berühren,
c) Ein Kegelschnitt V_1^2 und 2 nicht der Ebene von V_1^2 angehörige Treffgeraden desselben, die sich schneiden,
d) 4 Geraden, die ein „windschiefes" Viereck bilden, d. h. wovon je 2 gegenüberliegende Geraden windschief sind.

Beweis: Die linke Seite von (1) kann als doppeltbinäre Form der Grade (2, 2) in folgender Weise zerfallen:

$$\text{a)}\ \varphi^{2,2} \equiv \varphi^{2,1}\,\psi^{0,1} \text{ oder } \varphi^{1,2}\cdot\ \psi^{1,0}$$

$$\text{b)}\ \varphi^{2,2} \equiv \varphi^{1,1}\,\psi^{1,1}$$

$$\text{c)}\ \varphi^{2,2} = \varphi^{1,1}\,\psi^{1,0}\pi^{0,1}$$

$$\text{d)}\ \varphi^{2,2} = \varphi^{1,0}\,\psi^{0,1}\pi^{1,0}\omega^{0,1}$$

wobei die Grade durch die oberen Indizes angedeutet sind. Wenn die Formen der rechten Seiten irreduzibel sind, ergeben sich als Nullstellengebilde von $\varphi^{2,2}$ die behaupteten Zerfallsgebilde. Es ist noch zu zeigen, daß die Bestandteile sich auch in der angegebenen Weise schneiden. Im Fall a) wird durch $\varphi^{2,1} = 0$ eine $V_1^3 < Q_2$ beschrieben, die die Erzeugenden der Schar I in 2 Punkten schneiden oder in einem berühren, dagegen diejenigen der Schar II stets nur in einem Punkt schneiden. $\varphi^{0,1} = 0$ beschreibt eine Gerade der Schar I. Bei $\varphi^{1,2}\,\psi^{1,0} = 0$ sind die Rollen der beiden Scharen hiergegen nur vertauscht. Daß die beiden Kegelschnitte im Fall b) sich schneiden oder berühren müssen, folgt daraus, daß ihre Ebenen eine Gerade gemein haben, die bei nicht zerfallenden Kegelschnitten Q_2 in 2 Punkten schneidet oder in einem Punkt berühren muß. Die Fälle c) und d) ergeben sich aus b) bei Zerfall von einem oder beiden Kegelschnitten.

Für die gestaltliche Erfassung der jetzt zu behandelnden irreduziblen $C^{2,2}$ ist es zweckmäßig, sie sich stetig aus einem der Zerfallstypen von Satz 2 entstehen zu lassen. Bei irreduzibler $C^{2,2}$ darf kein Kegel des betreffenden Büschels (3) in ein Ebenenpaar oder eine Doppelebene entarten. Folglich enthält das Büschel nur Kegel mit Punktspitzen. Wichtig ist es, ob es vorkommt, daß eine dieser Spitzen auf $C^{2,2}$ liegt oder nicht. Darüber zeigen wir den

Satz 3. Durch (2) sei die irreduzible Raumkurve $C^{2,2}$ definiert. Dann gibt es folgende Möglichkeiten: 1. Keine Spitze eines Kegels im Büschel (3) liegt auf $C^{2,2}$ und alle Punkte von $C^{2,2}$ sind regulär. 2. Für genau einen Kegel des Büschels (3) liegt die Spitze S_0 auf $C^{2,2}$. Dann haben alle regulären Büschelquadriken in S_0 die Tangentialebene $T_2(S_0)$ gemein.

Beweis: Angenommen, in dem Büschel (3) kämen die beiden verschiedenen Kegel K_2^S und K_2^T mit den Spitzen S_0, T_0 auf $C^{2,2}$ vor. Dann läßt sich $C^{2,2}$ auch als Schnitt von K_2^S und K_2^T definieren (s. § 14). Dem Durchschnitt von K_2^S und K_2^T gehören nun S_0 und T_0 und damit auch die Verbindungsgerade von S_0 und T_0 an, was der angenommenen Irreduzibilität von $C^{2,2}$ widerspricht. Es kann dem Büschel also höchstens ein Kegel K_2^S mit der Spitze S_0 angehören. Angenommen, einen solchen K_2^S gebe es mit der Spitze $S_0(1, 0, 0, 0)$. Dann hat er die Gleichung

$$\sum_{i,j=1}^{3} a_{ij} x_i x_j = 0 \tag{4}$$

Wir spannen durch K_2^S und Q_2 unser Büschel auf, so daß die Gleichungen seiner Flächen lauten:

$$\lambda(x_0 x_3 - x_1 x_2) + \mu \sum_{i,j=1}^{3} a_{ij} x_i x_j = 0\,. \tag{5}$$

Nun ist $x_3 = 0$ die Tangentialebene von Q_2 im Punkt S_0, und aus (5) folgt sofort, daß alle in S_0 regulären Quadriken gleichfalls $x_3 = 0$ als Tangentialebene haben. Umgekehrt habe die von Q_2 verschiedene Quadrik Q_2' ebenso wie Q_2 in S_0 die Tangentialebene $x_3 = 0$. Dann muß die Gleichung von Q_2' die Form:

$$(6)\qquad x_3\left(\sum_{i=0}^{3} a_{i3}x_i\right) + \sum_{i,j=1}^{2} a_{ij}x_ix_j = 0$$

haben, und die in dem Büschel gleichfalls enthaltene Quadrik mit der Gleichung

$$(7)\qquad a_{03}(x_0x_3 - x_1x_2) - x_3\left(\sum_{i=0}^{3} a_{13}x_i\right) - \sum_{i,j=1}^{2} a_{ij}x_ix_j = 0$$

ist ein Kegel mit der Spitze S_0, da die linke Seite in (7) nicht von x_0 abhängt. Daß es Büschel von Quadriken gibt, bei denen die Spitze keines der darin enthaltenen 4 Kegel Basispunkt des Büschels ist, lehrte das Beispiel (b) von § 14.

Im Zusammenhang mit den Begriffsbildungen von § 15 folgt aus dem soeben bewiesenen Satz unmittelbar der

Satz 4. Eine irreduzible $C^{2,2}$ hat lauter reguläre Punkte bis auf höchstens einen nicht regulären Punkt S_0.

Mit dem Auftreten singulärer Punkte bei den irreduziblen $C^{2,2}$ wollen wir uns im nächsten Abschnitt noch besonders beschäftigen. Die folgenden Betrachtungen gelten für beliebige, im allgemeinen singularitätenfreie $C^{2,2}$. Wir wollen uns zunächst einen Überblick über die ebenen Kurven verschaffen, in die man eine $C^{2,2}$ projizieren kann. Das ergibt sich aus § 20, Satz 2, der in unserem Fall ($p = q = 2$) lautet:

Satz 5. Durch Projektion einer irreduziblen $C^{2,2}$ aus dem Punkt Z_0 einer regulären Q_2, in der $C^{2,2}$ als Teilmenge erklärt ist, können folgende ebene Kurven entstehen: a) Quartiken k_4 mit 2 singulären Punkten A_0, B_0 der Vielfachheit 2, b) Kubiken k_3, die in 2 vorgegebenen Punkten A_0, B_0 regulär sind, c) Kegelschnitte k_2, die A_0 und B_0 nicht enthalten.

Alle diese genannten ebenen irreduziblen Kurven, d. h. sämtliche Kegelschnitte, Kubiken und Quartiken mit 2 Singularitäten der Vielfachheit 2 können auch umgekehrt als Projektionen einer $C^{2,2}$ auftreten.

Bei den Projektionen dieses Satzes lag das Zentrum Z_0 auf einer regulären Quadrik Q_2, der $C^{2,2}$ angehörte. Durch einen beliebigen Punkt Z_0 außerhalb von $C^{2,2}$ geht nun stets eine wohlbestimmte Quadrik Q_2' des betr. Büschels. Ist Q_2' regulär, so gibt es Kollineationen, die Q_2' in Q_2 und jede andere Büschelquadrik auch in eine solche überführen. Dadurch findet man sofort, daß Q_2' die Rolle von Q_2 spielen kann, auf der $C^{2,2}$ zunächst als Teilkurve erklärt war. Damit ergeben sich wieder die gleichen Projektionsmöglichkeiten von Satz 5. Weitere Typen von Projektionen kommen jedoch hinzu, wenn Z_0 außerhalb von $C^{2,2}$ auf einem der Kegel K_2' des Büschels liegt. Ist Z_2 die Spitze von K_2', so wird $C^{2,2}$ aus Z_2 in einen doppelt überdeckten Kegelschnitt projiziert, ein Ausdruck, der sich von selber verstehen dürfte. Ist $Z_0 < K_2'$ von der Spitze S_0 verschieden, ohne auf $C^{2,2}$ zu liegen, so ergibt sich eine k_4 mit Berührungsknoten (s. Bd. I, § 15), wie der Leser selber nachprüfen möge.

Aus diesen Projektionen folgt sofort, daß die $C^{2,2}$ Kurven 4. Ordnung sind, wie bereits die Definition besagte. Dies bedeutet, 4 ist die auch erreichte Höchstzahl von Schnittpunkten, die $C^{2,2}$ mit einer Ebene gemein haben kann. Wie allgemein bei Raumkurven kann man ferner die Tangenten in regulären Punkten als Grenzlagen von Sehnen erklären. Daraus folgt aber, daß bei Projektion die Tangenten der $C^{2,2}$ in die Tangenten der entstehenden ebenen Kurven übergehen. In einem singulären Punkt S_0 der $C^{2,2}$ ist die Tangente nicht erklärt. Wir hatten aber gefunden, daß ein solcher Punkt S_0 so gekennzeichnet ist: Von S_0 wird die $C^{2,2}$ in einen einfach überdeckten Kegelschnitt projiziert, d. h. es gibt keine Ebene durch S_0, die mit $C^{2,2}$ außerhalb von S_0 noch mehr als 2 Punkte gemein hat. Ist $Z_0 < C^{2,2}$ ein von S_2 verschiedener Punkt, so hat mithin keine Ebene durch die Gerade

$$Z_2 \cup S_0 = Z_1$$

mit der $C^{2,2}$ mehr als einen von Z_0 und S_0 verschiedenen Punkt gemein. Nunmehr projizieren wir $C^{2,2}$ aus Z_0 auf die Kubik k_3' mit dem von S_0 herrührenden Punkt S_0' und finden: Keine Gerade durch S_0' schneidet k_3' in mehr als einem von S_0' verschiedenen Punkt, d. h. S_0' ist für k_3' singulär. Diese

Betrachtung läßt sich auch umkehren, und wir gewinnen somit folgenden

Satz 6. Bei Projektion aus einem regulären Punkt $Z_0 < C^{2,2}$ entspricht einem vorhandenen singulären Punkt von $C^{2,2}$ ein solcher der Projektion k_3' und umgekehrt.

Auch eine ebene k_4', wie sie in Satz 5 auftrat, kann außer A_0 und B_0 noch einen dritten singulären Punkt C_0 besitzen. Durch eine analoge Schlußweise ergibt sich, daß C_0 nur von einem singulären Punkt der $C^{2,2}$ herrühren kann.

Der uns von der V_1^3 her bekannte Begriff der Schmiegebene verallgemeinert sich auf beliebige Raumkurven. In unserem Falle gelangt man etwa durch folgende Überlegung hierzu. P_0 sei ein regulärer Punkt der irreduziblen $C^{2,2}$ mit der Tangente $T_1(P_0)$. Zufolge Satz 5 wird die $C^{2,2}$ aus P_0 in eine Kubik k_3' projiziert. Dabei ist $T_1(P_0)$ Grenzlage der Projektionsstrahlen durch P_0. Es sei P_0' der Schnitt von $T_1(P_0)$ mit der Ebene Y_2 von k_3'. Zufolge Satz 6 ist dann P_0' auch für k_3' regulär, so daß k_3' in P_0' eine Tangente $T_1'(P_0')$ besitzt.

Die Ebene

$$T_2(P_0) = P_0 \smile T_1'(P_0')$$

heißt dann die Schmiegebene von $C^{2,2}$ im Punkt P_0. Sie ist offenbar auch als solche Ebene durch $T_1(P_0)$ zu kennzeichnen, die mit $C^{2,2}$ höchstens noch einen weiteren regulären Punkt R_0 gemein hat, ohne die Tangente von R_0 zu enthalten. Dies ist wiederum gleichwertig damit: Die Schmiegebene von P_0 ist im allgemeinen Grenzlage der Ebenen durch 3 verschiedene gegen P_0 rückende Kurvenpunkte.

Durch die Projektionen von Satz 5 sind die Punkte der $C^{2,2}$ auf die der entsprechenden ebenen Kurven im allgemeinen eineindeutig bezogen. Diese Beziehungen sind höchstens an endlich vielen Stellen nicht erklärt bzw. nicht eineindeutig erklärt; sie können aber in bekannter Weise eineindeutig gemacht werden, wie wir jetzt sehen wollen: a) Liegt Z_0 außerhalb der $C^{2,2}$, so gehen durch Z_0 zwei

Sehnen oder Tangenten von $C^{2,2}$. Eine Sehne durch Z_0 ist Projektionsstrahl für 2 verschiedene Punkte von $C^{2,2}$. Als Projektion haben diese beiden Punkte dann einen Doppelpunkt der k_4, der seinerseits in bekannter Weise (s. Bd. I, § 15) als Träger von 2 verschiedenen Zweigen aufzufassen ist.

b) Liegt Z_0 auf der $C^{2,2}$ als regulärer Punkt, so hat Z_0 zunächst keine Projektion; man ordne Z_0 jedoch den Tangentenschnittpunkt als Projektion zu.

c) Ist Z_0 singulärer Punkt von $C^{2,2}$, so hat man Z_0 einen oder zwei Punkte auf dem Kegelschnitt zuzuordnen, wie wir im nächsten Abschnitt sehen werden.

Alle irreduziblen ebenen Kubiken und Quartiken mit mindestens 2 singulären Punkten lassen sich somit durch Satz 5 gewissen $C^{2,2}$ eineindeutig oder birational, wie man sagt, zuordnen. Gemäß Bd. I, § 20 haben die genannten ebenen Kurven das Geschlecht $p = 0$ oder $p = 1$. Man ordnet auch den darauf birational bezogenen Raumkurven $C^{2,2}$ die gleiche Zahl $p = 0$ oder 1 als Geschlecht zu. Auf ähnliche Weise definiert man das Geschlecht p bei beliebigen Raumkurven, worauf wir aber nicht eingehen können. Ebene Kurven mit $p = 0$ heißen rational und solche mit $p = 1$ elliptisch. Auch diese Bezeichnungen überträgt man gleichfalls auf die Raumkurven. Die singularitätenfreien Kubiken sowie die Quartiken mit 2 gewöhnlichen Singularitäten sind nun elliptisch und gemäß Satz 5 gilt mithin die Tatsache: Die singularitätenfreien Raumkurven 4. Ordnung 1. Spezies $C^{2,2}$ sind elliptisch.

Mit den rationalen Kurven $C^{2,2}$ wollen wir uns im nächsten Abschnitt befassen.

§ 22. Doppelpunkt und Spitze bei Raumkurven 4. Ordnung 1. Spezies

Die Raumkurven 4. Ordnung 1. Spezies entsprechen in vielem den ebenen Kubiken, auf die sie durch Projektion birational bezogen werden konnten. Sie sind auch die einfachsten irreduziblen Raumkurven, die einen singulären Punkt besitzen können. Gemäß § 21, Satz 3 ist nun der Punkt $S_0 < C^{2,2}$ singulär, wenn es einen Kegel $K_2 > C^{2,2}$ mit der Spitze S_0 gibt, während alle übrigen Quadriken des definierenden Büschels die Tangentialebene $T_2(S_0)$ gemein haben. Dies führt zu folgender

Definition: Der singuläre Punkt S_0 der Raumkurve $C^{2,2}$ heißt Doppelpunkt oder Spitze, je nachdem ob die Tangentialebene $T_2(S_0)$ der Büschelquadriken mit dem Kegel $K_2 > C^{2,2}$, der seine Spitze in S_0 hat, zwei oder eine Gerade gemein hat. Diese Geraden heißen singuläre Tangenten, speziell Doppelpunkts- oder Spitzentangenten.

Ihre Rechtfertigung erfährt diese Definition in folgendem

Satz 1. Die irreduzible Raumkurve $C^{2,2}$ mit Doppelpunkt oder Spitze in S_0 wird von einem Punkt $Z_0 \neq S_0$ in eine ebene Kubik projiziert, die im Projektionspunkt S_0' von S_0 gleichfalls einen Doppelpunkt bzw. eine Spitze besitzt.

Beweis: Wir sahen schon in 21, Satz 6, daß bei der Projektion der $C^{2,2}$ aus dem regulären Punkt Z_0 der singuläre Punkt $S_0 < C^{2,2}$ in einen solchen S_0' auf k_3' übergeht. S_1 sei eine singuläre Tangente von $C^{2,2}$ in S_0. Dann darf zunächst kein von S_0 verschiedener Punkt von S_1 auf $C^{2,2}$ liegen, da sonst S_1 dem Durchschnitt aller Büschelquadriken angehören würde, was bei irreduzibler $C^{2,2}$ nicht sein darf. Die Ebene $Z_2 = Z_0 \cup S_1$ schneidet nun K_2 in den beiden Geraden $S_0 \cup Z_0$ und S_1 und damit $C^{2,2}$ auch in keinem weiteren Punkt außer Z_0 und S_0. Daraus folgt, daß bei Projektion aus Z_0 die Gerade S_1 in eine solche S_1' übergeht, die k_3' nur im singulären Punkt S_0' schneidet, d. h. Tangente darin ist. Jede Erzeugende von K_2, die keine singuläre Tangente ist, schneidet nun die reguläre Büschelquadrik Q_2 in einem weiteren von S_0 verschiedenen Punkt, und hieraus folgt sofort, daß k_3' in S_0' gleichzeitig mit $C^{2,2}$ zwei oder eine singuläre Tangente besitzt, womit der Satz bewiesen ist.

Dies Ergebnis würde auch aus der rationalen Parameterdarstellung der $C^{2,2}$ mit singulärem Punkt folgen, die wir jetzt ableiten wollen:

Satz 2. Die Raumkurven 4. Ordnung 1. Spezies mit einem singulären Punkt können durch Polynome 4. Grades in Parametern dargestellt werden.

Beweis: Es werde wie in § 21 angenommen, die Spitze S_0 des Büschelkegels K_2 sei der singuläre Punkt S_0 (1, 0, 0, 0) der $C^{2,2}$. Die S_0 nicht enthaltende Ebene $x_0 = 0$ schneide K_2 in dem Kegelschnitt mit der Parameterdarstellung

(1) $$x_1 = q_1(u, v), x_2 = q_2(u, v), x_3 = q_3(u, v),$$

wobei die q_i quadratische Formen in den homogenen Parametern u, v sind. Mit Hilfe der weiteren homogenen Parameter ϱ, σ schreiben sich dann die Koordinaten der Punkte von K_2 in der Form

(2) $$x_0 = \varrho, x_1 = \sigma q_1(u, v), x_2 = \sigma q_2(u, v), x_3 = \sigma q_3(u, v).$$

Die erzeugenden Geraden von K_2 sind in (2) durch konstante u, v gekennzeichnet. Jede dieser Geraden schneidet $C^{2,2}$ in einem im allgemeinen von S_0 verschiedenen Punkt P_0, und die Parameter ϱ, σ von P_0 berechnen sich durch Einsatz von (2) in $x_0x_3 - x_1x_2 = 0$ zu

(3) $$\varrho = q_1(u, v)\, q_2(u, v), \sigma = q_3(u, v);$$

aus (3) und (2) ergibt sich dann die Parameterdarstellung unserer $C^{2,2}$ zu:

(4) $$\begin{aligned} x_0 &= q_1(u, v) q_2(u, v), \quad x_1 = q_1(u, v) q_3(u, v), \\ x_2 &= q_2(u, v) q_3(u, v), \quad x_3 = q_3^2(u, v). \end{aligned}$$

Hiermit ist der Satz bewiesen.

Dieser Satz rechtfertigt die Bezeichnung „rational" für die $C^{2,2}$ mit singulärem Punkt. Die Parameterdarstellung (3) beschreibt die durch die Projektion von S_0 aus vermittelte Beziehung der Punkte von $C^{2,2}$ auf die des Kegelschnitts k_2' mit der Darstellung (1). Wir wissen aus Satz 1 bereits, daß diese Beziehung auf k_2' und damit auch auf die Parametergerade $U_1(u, v)$ eineindeutig ist höchstens mit Ausnahme von S_0. Zu S_0 gehören gemäß (4) diejenigen Parameter, die

(5) $$q_3(u, v) = 0$$

erfüllen. Je nachdem, ob (5) zwei verschiedene Wurzeln oder nur eine Doppelwurzel besitzt, sind S_0 zwei verschiedene oder nur ein Punkt auf U_1 zugeordnet, und S_0 ist im ersten Fall Doppelpunkt und im zweiten Fall Spitze. Man kann auch so sagen: Durch Projektion von S_0 aus wird der singuläre Punkt S_0 „aufgelöst" und ihm entsprechen ein oder zwei Punkte auf k_2', die aber ihrerseits regulär sind, da k_2' singularitätenfrei ist.

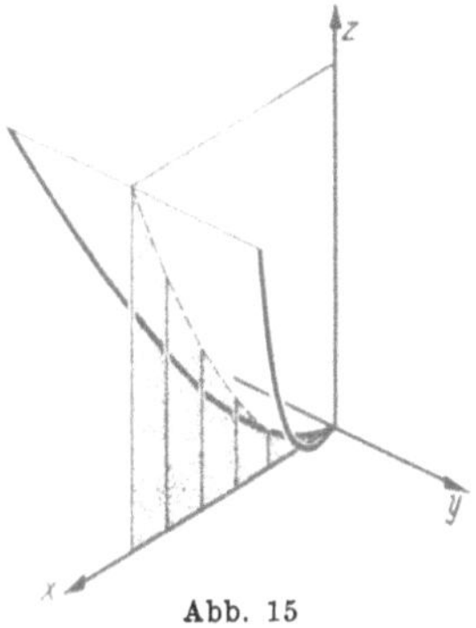

Abb. 15

Ein sehr einfaches Beispiel einer $C^{2,2}$ mit Spitze im Ursprung der Cartesischen Koordinaten wird durch Schnitt der Quadriken

(6) $$xz - y^2 = 0\,, \quad z - x^2 = 0$$

mit der Parameterdarstellung

(7) $$x = t^2, \quad y = t^3, \quad z = t^4$$

gegeben (s. Bild 15). Die erste der beiden Quadriken (6) ist ein Kegel mit der Spitze im singulären Punkt der $C^{2,2}$.

§ 23. Zweige und singuläre Punkte algebraischer Raumkurven

Im Band I, § 15—17 haben wir uns ausführlich mit den Zweigen ebener algebraischer Kurven beschäftigt. Wir unterschieden dort lineare und superlineare Zweige und definierten Ordnung und Klasse derselben sowie die Schnittvielfachheit eines Zweiges mit einer beliebigen Kurve. Dabei wurde gezeigt, daß jeder Punkt P_0 der Kurve k_n Ursprung von endlich vielen Zweigen ist. Insbesondere stellte sich P_0 genau dann als einfach für k_n heraus, wenn es nur einen linearen Zweig auf k_n mit dem Ursprung P_0 gibt. Alle diese Begriffe finden ihre sinngemäße Ausdehnung und Erweiterung auf das Gebiet der Raumkurven. Man kann die singulären Punkte direkt an den Kurven statt erst an ihren ebenen Projektionen wie bei den Beispielen des vorigen Abschnitts definieren. Die ersten systematischen Untersuchungen über die singulären Punkte von Raumkurven stammen von dem Franzosen Halphen (1877). Wir geben hier nur kurz in Verallgemeinerung von Band I einige Definitionen, um diese dann lediglich auf die $C^{2,2}$ anzuwenden. Wiederum werde alles auf affine Koordinaten bezogen, wobei der Ursprung stets der fragliche Kurvenpunkt ist.

Definition 1. Die Potenzreihen

$$x = x(t),\ y = y(t),\ z = z(t)\ (x(0) = y(0) = z(0) = 0) \tag{1}$$

definieren in ihrem gemeinsamen Konvergenzbereich, der nicht nur aus $t = 0$ bestehe, einen Zweig Z der Raumkurve k, wenn für alle Polynome f des k definierenden Ideals $\mathfrak{P}$ gilt:

$$f(x(t),\ y(t),\ z(t)) = 0\,. \tag{2}$$

Der Punkt 0 heißt der Ursprung des Zweiges.

Durch reguläre Parameteränderung möge wie in Band I, § 16 aus (1) die dazu äquivalente Darstellung von Z durch

$$x = t^{\nu}\,,\ y = at + \ldots,\ z = bt + \ldots \tag{3}$$

entstehen, worin die Punkte höhere Glieder in t andeuten sollen.

Definition 2. Die aus (3) zu entnehmende Gerade mit den Gleichungen

$$y = ax,\ z = bx \tag{4}$$

heißt Tangente des Zweiges (3).

Definition 3: Der niedrigste in (1) auftretende Exponent von t heißt die Ordnung des Zweiges; insbesondere ist für die Darstellung (3) diese Ordnung ν.

Definition 4. F mit der Gleichung $f(x, y, z) = 0$ sei eine beliebige Fläche, auf der Z nicht liegt. Dann heißt die durch

$$f(x(t), y(t), z(t)) = \Phi(t) = t^{v}\Phi(0) \text{ mit } \Phi(0) \neq 0 \tag{5}$$

definierte Zahl $v \geqq 0$ die Schnittvielfachheit von F mit Z.

Wie im Band I, § 16 stellt sich heraus, daß diese Ordnung unabhängig von der Wahl der affinen Koordinaten ist und sich auch bei regulären Parametertransformationen nicht ändert. Weiter folgt aus der Def. 4 sofort: Jede Ebene $F_1 > 0$, die Z nicht enthält, hat mit Z eine Schnittvielfachheit $v \geqq \nu$, und zwar ist $v > \nu$ genau dann, wenn F_1 die Tangente von Z enthält. Wählt man diese Tangente als x-Achse, so ist in (3) $a = b = 0$, so daß die Entwicklung lautet:

(6) $$x = t^\nu,\ y = \alpha t^{\nu+\nu'} + \ldots,\ z = \beta t^{\nu+\nu'} + \ldots -$$

wobei $\nu' \geqq 1$ ist und α, β nicht beide verschwinden. Alle Ebenen durch die Tangente haben jetzt, wie aus (6) folgt, mit Z im allgemeinen die Schnittvielfachheit $\nu + \nu'$ mit Ausnahme der Ebene

(7) $$\beta y - \alpha z = 0\,,$$

bei der diese Zahl $v > \nu + \nu'$ beträgt. Die Ebene (7) heißt die Schmiegebene von Z. Nimmt man sie als Ebene $z = 0$, so erreicht man folgende endgültig normierte Darstellung des Zweiges Z:

(8) $$x = t^\nu,\ y = t^{\nu+\nu'} + \ldots,\ z = t^{\nu+\nu'+\nu''} + \ldots$$
$$(\nu \geqq 1,\ \nu' \geqq 1,\ \nu'' \geqq 1)$$

Definition 5. Zweige der Ordnung $\nu = 1$ heißen linear, alle übrigen superlinear.

Satz 1. Jeder im Sinne von § 15 reguläre Punkt 0 einer algebraischen Raumkurve k ist Ursprung eines linearen Zweiges $Z < k$, und die Tangente an k in P_0 ist auch Tangente an Z im Sinne von Def. 2.

Beweis: Im Sinne von § 15 war für die Regularität des Punktes 0 der Raumkurve k kennzeichnend, daß es 2 in 0 reguläre Flächen des zugehörigen Ideals $\mathfrak{P}$ gibt mit verschiedenen Tangentialebenen in 0. Wenn die Gleichungen dieser Tangentialebenen in geeigneten Koordinaten lauten:

(9) $$y = 0 \text{ und } z = 0$$

und 0 der Ursprung ist, so haben die genannten Flächen die Gleichungen:

(10) $f_1 = y + \varphi_1(x, y, z) = 0,\ f_2 = z + \varphi_2(x, y, z) = 0\,.$

Darin sind φ_1 und φ_2 Polynome, die keine in x, y, z lineare Glieder mehr enthalten. Dann verschwindet aber auch die Funktionaldeterminante

$$\begin{vmatrix} \frac{\partial f_1}{\partial y}, & \frac{\partial f_1}{\partial z} \\ \frac{\partial f_2}{\partial y}, & \frac{\partial f_2}{\partial z} \end{vmatrix}$$

in 0 nicht. Nach dem verallgemeinerten Satz über implizite Funktionen kann man daher (10) im kleinen nach y und z auflösen, d. h. es existieren Funktionen

(11) $$y = y(x),\ z = z(x)\,,$$

die (10) identisch erfüllen und sich nach x in Potenzreihen entwickeln lassen, die in der Umgebung von $x = 0$ konvergieren. Angenommen $f_3(x, y, z)$ sei ein weiteres Polynom von $\mathfrak{P}$; dann muß $f_3[x, y(x), z(x)] \equiv 0$ sein; denn andernfalls wäre

$$f_3[x, y(x),\ z(x)] = x^r \Phi(x) \text{ mit } \Phi(0) \neq 0, r > 0\,,$$

und es gäbe in der komplexen x-Ebene eine Umgebung von $x = 0$, für die $\Phi(x)$ nicht verschwindet. Demnach könnte unsere Kurve k für Werte von x aus dieser Umgebung nur aus dem Punkt 0 bestehen. Dies würde aber der Tatsache widersprechen, daß k eine eindimensionale Mannigfaltigkeit ist.

In ähnlicher Weise wie in der Ebene könnten wir jetzt auch zeigen, daß jeder Punkt einer Raumkurve Ursprung von nur endlich vielen Zweigen ist, worauf wir aber verzichten wollen.

Aus der normierten Darstellung (8) eines Zweiges entnimmt man außer der Ordnung ν noch die natürlichen Zahlen ν' und ν'' als Charakteristika des Zweiges (1. und 2. Rang nach

Bertini). Der einfachste nichtlineare Zweig ist derjenige, für den

$$(12) \qquad \nu = 2,\ \nu' = \nu'' = 1$$

ist. Man nennt, ähnlich wie in der Ebene, einen singulären Punkt 0 der Kurve k, der Ursprung nur eines Zweiges dieser Art ist, Spitze. Weiterhin sagt man selbstverständlich, 0 sei Doppelpunkt für k, wenn 0 Ursprung von genau 2 linearen Zweigen mit verschiedenen Tangenten ist.

Wir wenden uns jetzt als Beispiel der $C^{2,2}$ zu, bei der in § 22 definiert wurde, was man unter Doppelpunkt und Spitze zu verstehen hat, und zeigen den

Satz 2. Die in § 22 mit Doppelpunkt und Spitze bezeichneten singulären Punkte auf Raumkurven $C^{2,2}$ sind Ursprung von 2 linearen Zweigen mit verschiedenen Tangenten bzw. von einem Zweig zu den Zahlen (1, 2).

Beweis: Zunächst sei der Punkt $S(1, 0, 0, 0)$ der $C^{2,2}$ Doppelpunkt im Sinne von § 22. Dann hat das Polynom $q_3(u, v)$ aus § 22 (4) zwei verschiedene Wurzeln. Die Parameter u, v seien so gewählt, daß

$$(13) \qquad q_3(u, v) \equiv u\,v$$

ist. Dann muß

$$(14) \quad q_1(1, 0) \neq 0,\ q_1(0, 1) \neq 0,\ q_2(1, 0) \neq 0,\ q_2(0, 1) \neq 0$$

sein, da sonst der Kegel K_2^S mit der Grundquadrik Q_2 eine der Geraden $x_1 = x_3 = 0$ oder $x_2 = x_3 = 0$ gemein hätte, was bei irreduzibler Kurve $C^{2,2}$ nicht sein durfte. Die Parameterdarstellung § 22 (4) schreibt sich für affine Koordinaten x, y, z als

$$(15) \qquad x = \frac{uv}{q_2(u, v)},\ y = \frac{uv}{q_1(u, v)},\ z = \frac{u^2 v^2}{q_1(u, v)\, q_2(u, v)}$$

Hieraus entnehmen wir, je nachdem ob $v = 1$ oder $u = 1$ gesetzt wird, je 3 Reihenentwicklungen nach einem inhomogenen Parameter. Wegen (14) fangen die Reihen für

x und y dabei stets mit linearen Gliedern an. Es gibt mithin 2 lineare Zweige auf $C^{2,2}$ mit dem Ursprung 0. Die Tangenten derselben in 0 werden durch

$$(16)\qquad \begin{aligned} z &= 0,\ q_2(0,1)x - q_1(0,1)\,y = 0 \text{ und} \\ z &= 0,\ q_2(1,0)x - q_1(1,0)\,y = 0 \end{aligned}$$

definiert. Es ist nun

$$(17)\qquad \begin{vmatrix} q_2(0,1), & q_1(0,1) \\ q_2(1,0), & q_1(1,0) \end{vmatrix} \neq 0\,,$$

da sonst die zu den Parametern (1, 0) und (0, 1) gehörigen Punkte des Kegelschnitts (1) § 22 zusammenfielen. Die beiden durch (16) erklärten Geraden sind somit verschieden, und damit ist der erste Fall des Satzes bewiesen. Nunmehr möge $q_3(u, v)$ aus § 22(4) nur eine Doppelwurzel haben. Wir wählen dann die Parameter so, daß

$$(18)\qquad q_3(u, v) = u^2$$

ist. Wiederum muß jetzt

$$(19)\qquad q_1(0,1) \neq 0\,,\quad q_2(0,1) \neq 0$$

gelten, da sonst der Kegel K_2^S mit der Quadrik Q_2 eine Gerade gemein hätte. Wir schreiben die Parameterdarstellung der $C^{2,2}$ wieder in affinen Koordinaten als

$$(20)\qquad x = \frac{u^2}{q_2(u,1)}\,,\ y = \frac{u^2}{q_1(u,1)}\,,\ z = \frac{u^4}{q_1(u,1)q_2(u,1)}\,.$$

Dies ergibt 3 Reihen nach u, wovon die ersten beiden wegen (19) mit Gliedern 2. Grades und die dritte mit Gliedern 4. Grades beginnen. (20) definiert also einen Zweig Z der Ordnung 2; die Ursprungstangente desselben ergibt sich als durch

$$(21)\qquad z = 0,\ q_1(0,1)y - q_2(0,1)x = 0$$

definiert. Mit dieser Tangente als x-Achse folgt sofort eine Normaldarstellung (8) für Z mit $\nu = 2$, $\nu' = \nu'' = 1$, womit alles gezeigt ist.

§ 24. Definition und Grundeigenschaften der Raumkurven 4. Ordnung 2. Spezies

Bei den Untersuchungen darüber, in welcher Weise der Schnitt zwischen einer Quadrik und einer kubischen Fläche in Teilkurven zerfallen kann, entdeckten die englischen Mathematiker des 19. Jahrhunderts einen weiteren Typ von Raumkurven 4. Ordnung; diese pflegt man seither zum Unterschied von dem in § 21—22 behandelten als solche 2. Spezies zu bezeichnen. Wir stellen im Rahmen unserer Begriffe aus § 20 an den Anfang die folgende

Definition. Eine irreduzible Raumkurve $C^{3,1}$ auf der regulären Quadrik Q_2 heißt Raumkurve 4. Ordnung 2. Spezies.

Im Anschluß an die Betrachtungen der älteren Geometer zeichnen wir auf der Quadrik mit der Parameterdarstellung

$$(1) \qquad x_0 = u_0 v_0, \; x_1 = u_0 v_1, \; x_2 = u_1 v_0, \; x_3 = u_1 v_1$$

die Geraden a_1 und b_1 aus mit:

$$(2) \qquad a_1 (x_0 = x_1 = 0), \qquad b_1 (x_2 = x_3 = 0)\,.$$

Alle Flächen 3. Grades, die a_1, b_1 enthalten, besitzen Gleichungen der Art:

$$(3) \qquad \begin{aligned} &x_0 x_2 (\alpha_{02} x_0 + \beta_{02} x_2) + x_0 x_3 (\alpha_{03} x_0 + \beta_{03} x_3) \\ &+ x_1 x_2 (\alpha_{12} x_1 + \beta_{12} x_2) + x_1 x_3 (\alpha_{13} x_1 + \beta_{13} x_3) \\ &+ \alpha_0 x_1 x_2 x_3 + \alpha_1 x_0 x_2 x_3 + \alpha_2 x_0 x_1 x_3 + \alpha_3 x_0 x_1 x_2 = 0\,. \end{aligned}$$

Setzt man hierin (1) ein, so hebt sich der Faktor $u_0 u_1$ heraus, der für a_1 und b_1 verschwindet. Abgesehen von diesem Faktor bleibt links eine doppeltbinäre Form der Grade (1, 3) übrig:

$$(4) \qquad \begin{aligned} &\varphi(u_0, u_1; v_0, v_1) = \\ &u_0 [\alpha_{02} v_0^3 + (\alpha_{03} + \alpha_3) v_0^2 v_1 + (\alpha_{12} + \alpha_2) v_0 v_1^2 + \alpha_{13} v_1^3] \\ &+ u_1 [\beta_{02} v_0^3 + (\beta_{12} + \alpha_1) v_0^2 v_1 + (\beta_{03} + \alpha_0) v_0 v_1^2 + \beta_{13} v_1^3] = 0\,. \end{aligned}$$

Bei geeigneter Wahl der Koeffizienten in (3) kann man in (4) links sämtliche Formen der Grade (3, 1) erhalten. Demnach gilt folgender

Satz 1. Gegeben seien die reguläre Quadrik Q_2 mit den beiden ausgezeichneten Geraden a_1 und b_1 der Schar I auf ihr. Ferner sei F_3 eine kubische Fläche, die a_1, b_1, aber nicht ganz Q_2 enthält. Dann besteht der Schnitt von Q_2 und F_3 aus a_1, b_1 und einer Kurve C. Ist C irreduzibel, so ist sie eine Raumkurve 4. Ordnung 2. Spezies $C^{1,3}$. Diese $C^{1,3}$ schneidet die Geraden der Schar I (darunter auch a_1, b_1) in Punkten der Vielfachheitssumme 3 und die der Schar II in einem Punkt. Jede $C^{1,3} < Q_2$, die sich so bezüglich der Scharen I und II verhält, entsteht auf diese Weise.

Zunächst stellen wir, wie bei den $C^{2,2}$ zusammen, in welcher Weise eine $C^{1,3}$ in einfache zählende Teile zerfallen kann.

Satz 2. Eine $C^{1,3}$ kann in folgender Weise zerfallen:

a) Kubische Normkurven V_1^3 und Gerade, die V_1^3 nur in einem Punkt schneidet, ohne sie dort zu berühren,

b) Kegelschnitt V_1^2 und 2 Gerade, die V_1^2 treffen, aber der Ebene von V_1^2 nicht angehören und zueinander windschief sind,

c) 3 zueinander windschiefe Geraden und eine gemeinsame Treffgerade derselben.

Beweis: Der Satz folgt sofort beim Studium der Zerfallsmöglichkeiten der linken Seite von (4).

Weiterhin sei $C^{1,3}$ eine irreduzible Kurve der in Satz 1 beschriebenen Art. Dann folgt sofort, daß diese $C^{1,3}$ auf keiner weiteren Quadrik Q_2' außer Q_2 liegen kann. Denn dann müßten die Geraden der Schar I, da sie $C^{1,3}$ und somit auch Q_2' in Punkten der Vielfachheitssumme 3 schneiden, auf Q_2' liegen; dies bedeutet jedoch $Q_2 = Q_2'$. Wir nennen die Geraden der Schar I auch Tripelsekanten von $C^{1,3}$ und zeigen leicht den

Satz 3. Es seien a_1' und b_1' zwei nicht notwendig verschiedene Tripelsekanten der durch (4) auf der Q_2 definierten $C^{1,3}$. Dann gibt es kubische Flächen, deren Durchschnitt mit Q_2 aus der in $C^{1,3}$, a_1' und b_1' zerfallenden $C^{3,3}$ besteht.

Beweis: a_1' und b_1' seien als Graden der Schar I auf Q_2 durch

$$(5) \qquad \alpha_0 u_0 + \alpha_1 u_1 = 0, \quad \beta_0 u_0 + \beta_1 u_1 = 0$$

definiert. Dann beschreibt

$$(6) \qquad (\alpha_0 u_0 + \alpha_1 u_1)(\beta_0 u_0 + \beta_1 u_1)\, \varphi(u_0, u_1; v_0, u_1) = 0$$

mit der Form φ aus (4) die in $C^{1,3}$, a_1' und b_1' zerfallende $C^{3,3}$. Die linke Seite von (6) ist nun als Form der Grade (3, 3) Linearkombination von Gliedern der Art

$$(7) \qquad \alpha u_0^{i_0} u_1^{i_1} v_0^{j_0} v_1^{j_1} \quad \text{mit} \quad i_0 + i_1 = j_0 + j_1 = 3$$

Ordnet man gemäß (1) jedem solchen Glied (7) zu

$$(8) \qquad \alpha x_0^{i_0 + j_0} x_1^{i_0 + j_1} x_2^{i_1 + j_0} x_3^{i_1 + j_1},$$

so geht (6) in die Gleichung einer kubischen Fläche der verlangten Art über.

Man kann hieraus leicht folgern, daß die Gesamheit aller durch eine feste $C^{1,3}$ gehenden kubischen Flächen ein Linearsystem der Dimension 6 bildet. Diese Tatsache benötigen wir jedoch nicht. Wir wissen aber auch ohne sie, daß in dem genannten Linearsystem kubische Kegel enthalten sind, deren Spitze ein beliebiger Punkt auf $C^{1,3}$ sein kann. Denn aus § 20, Satz 2 folgt der

Satz 4. Eine irreduzible $C^{1,3}$ wird aus dem Punkt Z_0 der Q_2, der sie angehört, auf eine ebene Kurve k_4 oder k_3 projiziert, und zwar a) bei $Z_0 \notin C^{1,3}$ auf eine k_4 mit einem dreifachen Punkt (Monoid), b) bei $Z_0 < C^{1,3}$ auf eine k_3 mit gewöhnlicher Singularität. Jede derartige ebene Kurve k_4 oder k_3 kann auch auf diese Weise als Projektion einer $C^{1,3}$ erklärt werden.

Als Beispiel einer $C^{1,3}$ des affinen R_3 nehmen wir die folgendermaßen definierte Kurve:

$$x = a\frac{2t}{t^4+1}, \quad y = b\frac{(t^4+2t^2-1)}{t^4+1}, \quad z = c\frac{2t^3}{t^4+1}$$

(s. Bild 16). Die Kurve liegt auf dem durch

$$\frac{x^2}{a^2} + \frac{y^2}{b^2} - \frac{z^2}{c^2} - 1 = 0$$

definierten Hyperboloid und schneidet die Geraden der durch

$$z - y = \varrho(x - 1), \ \varrho(z + y) = x + 1$$

definierten Schar in 3 und die Geraden der anderen Schar in einem Punkt. Unsere Kurve schneidet die Fernebene ferner nur komplex, liegt also ganz im Endlichen.

Auf rein geometrische Weise beweisen wir jetzt den

Satz 5. Die irreduziblen Raumkurven $C^{1,3}$ besitzen nur reguläre Punkte.

Beweis: $P_0 < C^{1,3}$ sei ein Punkt, dessen Regularität nachgewiesen werden soll. Auf Grund von § 15 ist zu zeigen, daß es 2 algebraische Flächen durch $C^{1,3}$ gibt, die in P_0 regulär sind und in P_0 verschiedene Tangentialebenen haben. Eine dieser Flächen ist Q_2, für die zweite nehmen wir einen Kegel K_2^Z, dessen Spitze der Punkt $Z_0 < C^{1,3}$ ist, wobei Z_0 nur die Bedingung zu erfüllen hat, nicht auf der durch P_0 gehenden Tripelsekanten Z_1 zu liegen (s. Bild 17). Dann sind für K_2^Z nur die Punkte von Z_1

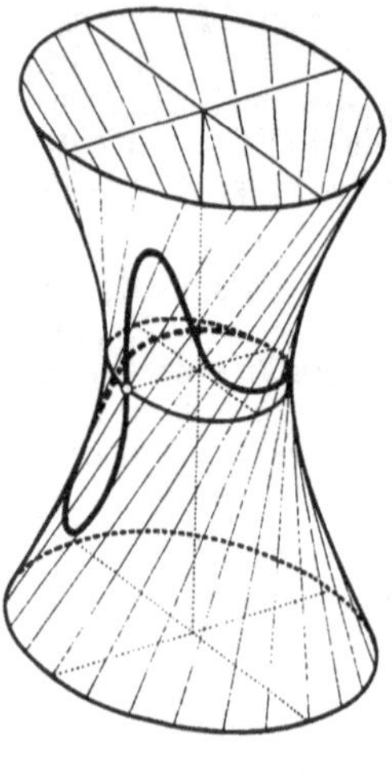

Abb. 16

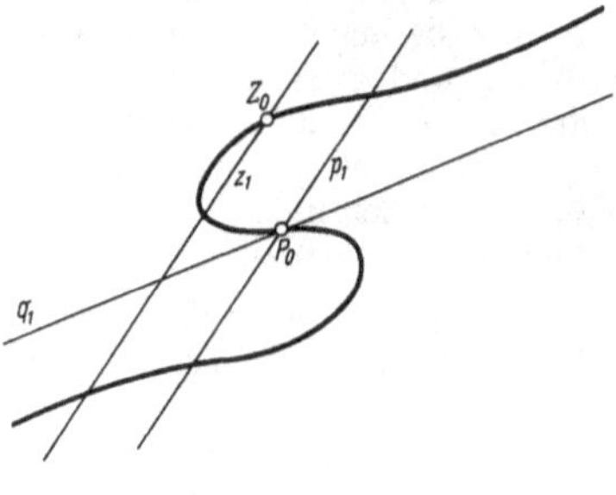

Abb. 17

singulär und kein Punkt außerhalb von Z_1. Insbesondere ist K_2^Z in P_0 regulär mit der Tangentialebene $T_2^K(P_0)$. Die Tangentialebene $T_2^Q(P_0)$ an Q_2 in P_0 ist

$$T_2^Q(P_0) = p_1 \cup q_1\,, \tag{9}$$

wobei p_1 die Tripelsekante und q_1 die Gerade der anderen Schar durch P_0 ist. Wegen der Wahl von Z_0 liegt Z_0 aber weder auf p_1 noch auf q_1, da q_1 die Kurve nur in P_0 schneidet. Also liegt Z_0 nicht auf der Ebene (9), und die beiden Tangentialebenen $T_2^K(P_0)$ und $T_2^Q(P_0)$ fallen nicht zusammen.

Den $C^{1,3}$ ordnet man wieder das Geschlecht $p = 0$ zu und sagt, sie seien rational, da sie ähnlich wie die V_1^3 oder die $C^{2,2}$ mit Singularität (s. § 22) durch Projektion auf ebene Kurven mit $p = 0$ birational bezogen werden können. Sehr leicht ergibt sich auch eine rationale Parameterdarstellung der $C^{1,3}$:

Satz 6. Die Raumkurven 4. Ordnung 2. Spezies besitzen rationale Parameterdarstellungen durch Polynome 4. Grades.

Beweis: Die Gleichung (4) schreiben wir in abgekürzter Form als

$$u_0\varphi_0(v_0, v_1) + u_1\varphi_1(v_0, v_1) = 0\,. \tag{10}$$

Dann folgt daraus bis auf einen Proportionalitätsfaktor:

$$u_0 = -\varphi_1(v_0, v_1)\,,\ u_1 = \varphi_0(v_0, v_1)\,. \tag{11}$$

Dies in (1) eingesetzt, ergibt die gewünschte Parameterdarstellung der $C^{1,3}$:

$$\begin{aligned} x_0 &= -v_0\varphi_1(v_0, v_1),\ x_1 = -v_1\varphi_1(v_0, v_1),\\ x_2 &= v_0\varphi_0(v_0, v_1)\,,\ x_3 = v_1\varphi_0(v_0, v_1)\,. \end{aligned} \tag{12}$$

Projiziert man die $C^{1,3}$ von einem Punkt, der nicht auf der ausgezeichneten Quadrik Q_2 liegt, so entstehen weitere Typen von ebenen rationalen Quartiken. Diese werden als rationale k_4 im allgemeinen 3 gewöhnliche singuläre Punkte haben, und daraus ergibt sich leicht: Durch einen allgemeinen Punkt des P_3 gehen 3 verschiedene Sehnen oder Tangenten $C^{1,3}$, eine weitere Eigenschaft, wodurch sich die

Raumkurven 4. Ordnung 2. Spezies von denen 1. Spezies unterscheiden.

Hält man die Q_2, auf der die $C^{1,3}$ liegt, fest und variiert die Kurve, so kann man sie stetig in die Zerfallstypen von Satz 2 überführen. Man kann jedoch die $C^{1,3}$ auch so stetig verändern, daß sie irreduzibel bleibt, jedoch in eine $C^{2,2}$ mit singulärem Punkt übergeht. Bei fest bleibender Q_2 ist dies freilich nicht möglich, sondern nur dann, wenn man die Q_2 stetig in einem Kegel überführt. Der Leser möge dies selber rechnerisch verfolgen. Man kann die Raumkurve 4. Ordnung 2. Spezies auch so definieren, daß die $C^{2,2}$ mit singulärem Punkt mit erfaßt werden. Vertiefte Betrachtungen über den Begriff der Spezies als Einteilungsprinzip im Bereich aller Raumkurven gleicher Ordnung finden sich in dem Buch von Severi-Löffler (s. Lit.).

§ 25. Weitere Bemerkungen über Raumkurven, ihre Dualgebilde, Zweige und Dualzweige

Die algebraischen Raumkurven hatten wir in § 15 als Nullstellengebilde gewisser Polynomideale definiert. Deutet man die dabei auftretenden homogenen Variablen als Ebenen — statt als Punktkoordinaten, — so erhält man sog. Dualkurven. Insbesondere stehen den bisher behandelten Kurven 3. und 4. Ordnung die betreffenden Dualgebilde gegenüber, die im Fall der V_1^3 in § 17 bereits untersucht wurden. Nun hatten wir ferner in Band I den von einer Geraden verschiedenen irreduziblen Kurven k_n der Ebene in der Gesamtheit der Tangenten von k_n Dualkurven zugeordnet. Ebenso ist mit jeder nicht in einer Ebene gelegenen irreduziblen Raumkurve C ein Dualgebilde $\hat{C}$ verknüpft. Die Ebenen von $\hat{C}$ sind dabei die Schmiegebenen von C. Wir wollen diese Tatsache hier nicht „im großen" beweisen, sondern nur „im kleinen", d. h. für die Zweige von C. Auf der Existenz von $\hat{C}$ zu gegebener C beruht jedoch die folgende

Definition 1. C sei eine gegebene irreduzible Raumkurve, die nicht schon in einer Ebene liegt und $\hat{C}$ die Gesamtheit der Schmiegebenen von C. Die Ordnung von C, d. h. die erreichte Höchstzahl von Schmiegebenen der Kurve C, die einen Punkt des P_3 enthalten, heißt die Klasse von C.

Einen Zusammenhang zwischen den Zweigen von C und $\widehat{C}$ behauptet jetzt folgender

Satz 1. Die Gesamtheit der Schmiegebenen eines Raumkurvenzweiges Z mit den charakteristischen Zahlen (ν, ν', ν'') bildet einen „Dualzweig" $\widehat{Z}$ mit den Zahlen (ν'', ν', ν). Der „Ursprung" von $\widehat{Z}$ ist dabei die in § 17 definierte Schmiegebene im Ursprung von Z.

Beweis: Der gegebene Zweig Z besitze gemäß § 23 die Normalentwicklung:

$$(1) \qquad \begin{aligned} x &= t^{\nu}, \quad y = t^{\nu+\nu'} + \beta_1 t^{\nu+\nu'+1} + \dots, \\ z &= t^{\nu+\nu'+\nu''} + \gamma_1 t^{\nu+\nu'+\nu''+1} + \dots, \end{aligned}$$

wobei der Ursprung 0 von Z wieder der Ursprung der affinen Koordinaten ist. Nach den Regeln der Differentialgeometrie (s. Strubecker, Sa. Gö. 1113/1113a) erhält man dann in der Form

$$(2) \qquad \begin{vmatrix} x - x_0, & y - y_0, & z - z_0 \\ x'(t_0), & y'(t_0), & z'(t_0) \\ x''(t_0), & y''(t_0), & z''(t_0) \end{vmatrix} = 0$$

die Gleichung der Schmiegebene $S_2(P_0)$ von Z im Punkt $P_0(x_0, y_0, z_0) < Z$, mit dem Parameter t_0. Dabei ist vorausgesetzt, daß die Vektoren der 2. und 3. Zeile der Matrix von (2) nicht linear abhängen, d. h. $S_2(P_0)$ durch (2) erklärt ist. Die Vektoren $\mathfrak{x}'(t_0)$ und $\mathfrak{x}''(t_0)$ können für $t = 0$ linear abhängen. Es ergibt sich durch die Rechnung von selber, daß dies für eine gewisse Umgebung von $t = 0$ bestimmt nicht der Fall ist, d. h. daß dort die Schmiegebenen von Z erklärt sind. Für die homogenen Koordinaten A, B, C, D der Schmiegebene $S_2(P_0)$ ergeben sich zunächst durch Vergleich von (2) mit

$$(3) \qquad Ax + By + Cz + D = 0$$

folgende Entwicklungen nach leichter Rechnung:

$$
\begin{aligned}
(4)\qquad A &= (\nu + \nu')(\nu + \nu' + \nu'')\nu'' t_0^{2\nu+2\nu'+\nu''-3} + \dots \\
B &= -\nu(\nu + \nu' + \nu'')(\nu' + \nu'') t_0^{2\nu+\nu'+\nu''-3} + \dots \\
C &= \nu(\nu + \nu')\nu' t_0^{2\nu+\nu'-3} + \dots \\
D &= -\nu'\nu''(\nu' + \nu'') t_0^{3\nu+2\nu'+\nu''-3} + \dots;
\end{aligned}
$$

dabei sind jeweils nur die niedersten Glieder vermerkt. Die Reihe für C fängt mit der kleinsten t-Potenz in (4) an. Dies legt es nahe, durch

$$(5)\qquad \frac{B}{C} = \xi, \quad \frac{A}{C} = \eta, \quad \frac{D}{C} = \zeta$$

unhomogene Ebenenkoordinaten ξ, η, ζ einzuführen. Für ξ, η, ζ folgen aus (4) die Entwicklungen:

$$
\begin{aligned}
(6)\qquad \xi &= -\frac{(\nu + \nu' + \nu'')(\nu' + \nu'')}{(\nu + \nu')\nu'} t^{\nu''} + \dots \\
\eta &= \frac{(\nu + \nu')(\nu + \nu' + \nu'')}{\nu(\nu + \nu')\nu'} t^{\nu'+\nu''} + \dots \\
\zeta &= -\frac{\nu''(\nu' + \nu'')}{\nu(\nu + \nu')} t^{\nu+\nu'+\nu''} + \dots,
\end{aligned}
$$

wodurch der behauptete Dualzweig $\hat{Z}$ definiert ist. Der Ursprung von $\hat{Z}$ ist gemäß (6) die durch

$$(7)\qquad \xi = \eta = \zeta = 0 \text{ oder } z = 0$$

definierte Ebene, die im § 23 bereits als Schmiegebene von Z im Ursprung 0 erklärt war. Bei $\hat{Z}$ muß dann, wie aus (6) folgt, diejenige Gerade T_1, die durch $\eta = \zeta = 0$ in Ebenenkoordinaten definiert ist, als duales Gegenstück der Ursprungstangente erklärt werden. T_1 kann aber auch durch $y = z = 0$ beschrieben werden, ist also die Ursprungstangente von Z.

Bei $\nu = \nu'' = 1$ sind beide Zweige Z und $\hat{Z}$ linear. Für unsere Raumkurve C bedeutet das folgende Aussage: Ist C im Punkt 0 regulär und besitzt C in 0 einen Zweig mit den Zahlen $(1, \nu', 1)$, so ist auch die Schmiegebene $S_2(0)$ von C in 0 für das mit C verbundene Dualgebilde $\hat{C}$ regulär.

In § 22 hatten wir weiterhin Spitze einen solchen Punkt auf C genannt, der Ursprung eines einzigen Zweiges $Z < C$ mit den Zahlen $(2, 1, 1)$ ist. Analog wie in der Ebene erweist sich die Schmiegebene der Spitze (in der Ebene war es die Spitzentangente) für $\hat{C}$ nicht als singulär. Das duale Gegenstück zur Spitze im Raum wollen wir stationäre Tangentialebene nennen; sie ist die Schmiegebene im Ursprung eines Zweiges zu den Zahlen $(1, 1, 2)$.

Schließlich verdient noch der selbstduale Zweig mit den charakteristischen Zahlen $(1, 2, 1)$ besondere Erwähnung. Man nennt die Tangente $T_1(0)$ im Ursprung dieses Zweiges Z Wendetangente der betr. Kurve C. Dieser Name versteht sich aus folgender Überlegung: Die Schnittvielfachheit in 0 von C mit der Schmiegebene in 0 ist jetzt 4, mit jeder anderen Ebene durch $T_1(0)$ dagegen gleich 3. Im allgemeinen, d. h. bis auf endlich viele Ausnahmen, wird ein gewöhnlicher Punkt 0 auf C nur Ursprung eines Zweiges mit den Zahlen $(1, 1, 1)$ sein. Dann ist die Tangente $T_1(0)$ nur gewöhnlich, d. h. die von der Schmiegebene verschiedenen Ebenen durch $T_1(0)$ schneiden C in 0 in der Vielfachheit 2.

Aus allen diesen Überlegungen geht hervor, daß mit einer unebenen algebraischen Raumkurve stets 3 geometrische Gebilde verbunden sind: a) Die Kurve C selber als Menge ihrer Punkte, b) die Dualkurve $\hat{C}$ als Menge aller Schmiegebenen in den Punkten von C, c) die Gesamtheit der Tangenten von C, die nach Satz 1 mit der Gesamtheit der Dualtangenten von $\hat{C}$ zusammenfällt.

Jedes dieser 3 Gebilde bestimmt die anderen beiden, wie wir aber nicht zeigen wollen. Es sei jedoch noch auf das Gebilde c) hingewiesen. Die Gesamtheit der Punkte aller Tangenten einer Raumkurve C wird in der Differentialgeometrie Torse genannt. Bei uns im algebraischen Bereich erzeugen die Tangenten von C eine algebraische Regelfläche von recht speziellem Typ*). Sie gibt Veranlassung zu folgender

Definition 2. Rang r einer algebraischen unebenen Raumkurve C heißt die Ordnung der Tangentenfläche F von C, d. h. die erreichte Höchstzahl der Tangenten von C, die eine beliebige Gerade G_1 treffen.

Die Mathematiker des 19. Jahrhunderts haben nun die Plückerformeln der Ebene (s. Band I) auch auf Raumkurven übertragen und Formeln abgeleitet, in denen Ordnung, Rang und Klasse der Kurve C mit den Zahlen der einfachen Singularitäten von C und $\hat{C}$ und ihrer Projektionen und ebenen Schnitte verbunden sind. Diese Formeln sind jedoch zu kompliziert und unübersichtlich, um hier Platz zu finden.

Zum Schluß sei aber noch etwas über die 3 Grundzahlen, Ordnung, Rang und Klasse der in diesem Kap. behandelten Kurven ausgesagt:

Satz 2. Die Ordnung n, die Klasse m und der Rang r der 5 behandelten Kurven haben Werte, die aus folgender Tabelle zu entnehmen sind:

	n	m	r
$V_1^3 = C^{1,2}$	3	3	4
$C^{2,2}$ ohne singulären Punkt .	4	12	8
$C^{2,2}$ mit Doppelpunkt . . .	4	6	6
$C^{2,2}$ mit Spitze	4	4	5
$C^{1,3}$	4	6, 5 oder 4	6

Beweis: Wir beginnen mit der Zahl r, der Höchstzahl von Tangenten der Kurven C, die eine gegebene Gerade G_1 treffen. Wir nehmen an, G_1 schneide C nicht, da man andernfalls gewiß nicht die Höchstzahl erreichen würde. Wir projizieren C von einem beliebigen $G_0 < G_1$ aus auf die Ebene. Dabei gehen die Tangenten der Kurve C in die Tangenten der erhaltenen ebenen Kurve über, und daraus folgt: r ist

*) Für die ersten 7 Ordnungen hat H. A. Schwarz diese Regelflächen klassifiziert (1865).

die höchste auftretende Klassenzahl einer ebenen Projektionskurve c von C. Hieraus folgen leicht die Zahlen der letzten Spalte durch Anwendung der 1. Plückerformel (s. Bd. I, § 14). Die den Punkt G_0 enthaltenden Schmiegebenen von C gehen nun bei Projektion aus G_0 in Wendetangenten von c über. Umgekehrt kann eine Wendetangente von c von einer G_0 enthaltenden Schmiegebene herrühren, oder sie ist die Projektion einer Wendetangente $T_1(0)$ von C, die oben definiert wurde. Nun besitzt $C^{1,2}$ als Raumkurve der Ordnung 3 keine solche Wendetangente $T_1(0)$. Aber auch $C^{2,2}$ hat keine Wendetangenten. Denn eine solche Gerade müßte auch alle Quadriken durch $C^{2,2}$ mindestens in der Vielfachheit 3 berühren, also auf ihnen liegen. Damit würde aber der vollständige Schnitt von 2 Quadriken, wodurch $C^{2,2}$ definiert ist, eine Gerade abspalten, also nicht irreduzibel sein. Durch die $C^{1,3}$ geht jedoch nur eine Quadrik Q_2, und es ist durchaus möglich, daß eine Erzeugende von Q_2 Wendetangente der $C^{1,3}$ ist. Die Klasse m unserer Kurven ist bei den ersten 4 Typen somit gleich der Höchstzahl der Wendetangenten, die eine ebene Projektion besitzen kann, berechnet sich also nach der 2. Plückerformel (s. Bd. I, § 18). Bei der $C^{1,3}$ ergibt sich auf diese Weise die Zahl 6 als obere Grenze für m. Diese Zahl kann sich jedoch um 1 oder 2 Einheiten verringern, je nachdem ob $C^{1,3}$ eine oder 2 Wendetangenten besitzt. Es ist dann $m = 5$ oder $m = 4$, während $m = 3$ auch $n = 3$ zur Folge hätte und damit nicht möglich ist.

Sachregister

Namenregister

Sammlung Göschen

Gesamtverzeichnis

Jeder Band DM 3,60 · Doppelband DM 5,80
Dreifachband DM 7,80

1969

Walter de Gruyter & Co · Berlin 30

Die Bände der **Sammlung Göschen** vermitteln in konzentrierter Form den grundlegenden Stoff für das Studium der einzelnen wissenschaftlichen Disziplinen. Sie sind nicht nur Hilfsmittel für die Arbeit an Universitäten und Hochschulen, sondern auch vorzüglich geeignet für Fachschulen, Arbeitskreise und zum Selbststudium. Die Fülle des Materials hat sich besonders für die Vorbereitung zu Examina und Prüfungen bewährt. Auch eine schnelle Orientierung geht hier niemals auf Kosten der Gründlichkeit.

Inhaltsübersicht

Geisteswissenschaften

Philosophie

Einführung in die Philosophie von H. Leisegang†. 6. Aufl. 146 S. 1966. (281)

Hauptprobleme der Philosophie von G. Simmel†. 8., unveränd. Aufl. 177 S. 1964. (500)

Geschichte der Philosophie

I: Die griechische Philosophie von W. Capelle. 1. Tl. Von Thales bis Leukippos. 3., erw. Aufl. Etwa 135 S. In Vorb (857)

II: Die griechische Philosophie von W. Capelle. 2. Tl. Von der Sophistik bis zum Tode Platons. 3., stark erw. Aufl. Etwa 144 S. In Vorb. (858)

III: Die griechische Philosophie von W. Capelle. 3. Tl. Vom Tode Platons bis zur Alten Stoa. 2., stark erw. Aufl. 132 S. 1954. (859)

IV: Die griechische Philosophie von W. Capelle. 4. Tl. Von der Alten Stoa bis zum Eklektizismus im 1. Jh. v. Chr. 2., stark erw. Aufl. 132 S. 1954. (863)

V: Die Philosophie des Mittelalters von J. Koch. In Vorb. (826)

VI: Von der Renaissance bis Kant von K. Schilling. 234 S. 1954. (394/394a)

VII: Immanuel Kant von F. Kaulbach. In Vorb. (536)

VIII: Die Philosophie des 19. Jahrhunderts von G. Lehmann. 1. Tl. 151 S. 1953. (571)

IX: Die Philosophie des 19. Jahrhunderts von G. Lehmann. 2. Tl. 168 S. 1953. (709)

X: Die Philosophie im ersten Drittel des 20. Jahrhunderts 1. Tl. von G. Lehmann. 128 S. 1957. (845)

XI: Die Philosophie im ersten Drittel des 20. Jahrhunderts 2. Tl. von G. Lehmann. 114 S. 1960. (850)

Die geistige Situation der Zeit (1931) von K. Jaspers. 6. Abdr. der im Sommer 1932 bearb. 5. Aufl. 211 S. 1965. (1000)

Formale Logik von P. Lorenzen. 3., durchges. u. erw. Aufl. 184 S. 1967. (1176/1176a)

Philosophisches Wörterbuch von M. Apel†. 5., völl. neu bearb. Aufl. von P. Ludz. 315 S. 1958. (1031/1031a)

Philosophische Anthropologie. Menschliche Selbstdeutung in Geschichte und Gegenwart von M. Landmann. 3., überarb. u. erw. Aufl. 222 S. 1969. (156/156a)

GEISTESWISSENSCHAFTEN

Pädagogik, Psychologie, Soziologie

Geschichte der Pädagogik von Herm. Weimer. 17., neubearb. Aufl. von Heinz Weimer. 205 S. 1967. (145/145a)

Allgemeine Psychologie von Th. Erismann†. 4 Bde.
I: Grundprobleme. 3. Aufl. 146 S. 1965. (831)
II: Grundarten des psychischen Geschehens. 2., neubearb. Aufl. 248 S. 1959. (832/832a)
III: Experimentelle Psychologie und ihre Grundlagen. 1. Tl. 2., neubearb. Aufl. 112 S., 7 Abb. 1962. (833)
IV: Experimentelle Psychologie und ihre Grundlagen. 2. Tl. 2., neubearb. Aufl. 199 S., 20 Abb. 1962. (834/834a)

Psychologie des Berufs- und Wirtschaftslebens von W. Moede†. 190 S. 48 Abb. 1958. (851/851a)

Therapeutische Psychologie. Ihr Weg durch die Psychoanalyse von W. M. Kranefeldt. M. e. Einf. von C. G. Jung. 3. Aufl. 152 S. 1956. (1034)

Sozialpsychologie von P. R. Hofstätter. 3. Aufl. 191 S., 18 Abb. 1967. (104/104a)

Soziologie. Geschichte und Hauptprobleme von L. von Wiese. 8. Aufl. 183 S. 1967. (101/101a)

Ideengeschichte der sozialen Bewegung des 19. und 20. Jh. von W. Hofmann. 2., neubearb. u. erg. Aufl. unt. Mitw. von W. Abendroth. 296 S. 1968. (1205/1205a)

Methoden der empirischen Sozialforschung von P. Atteslander. Unt. Mitarb. von K. Baumgartner, F. Haag, J. Ötterli, R. Steiner. 313 S. 1969. (1229/1229a)

Religionssoziologie von G. Kehrer. 158 S. 1968. (1228)

Wirtschaftssoziologie von F. Fürstenberg. 122 S. 1961. (1193)

Industrie- und Betriebssoziologie von W. Burisch. 5., neubearb. u. erw. Aufl. der bisherigen Darstellung von R. Dahrendorf. Etwa 214 S., 3 Fig. 1969. (103/103a)

Einführung in die Sozialethik von H.-D. Wendland. 144 S. 1963. (1203

Religion

Jesus von M. Dibelius†. 4. Aufl. m. e. Nachtr. von W. G. Kümmel. 140 S. 1966. (1130)

Paulus von M. Dibelius†. Nach dem Tode des Verf. hrsg. u. zu Ende gef. von W. G. Kümmel. 3., durchges. Aufl. 156 S. 1964. (1160)

Luther von F. Lau. 2., verb. Aufl. 153 S. 1966. (1187)

Melanchthon von R. Stupperich. 139 S. 1960. (1190)

Zwingli von F. Schmidt-Clausing. 119 S. 1965. (1219)

Friedrich Schleiermacher. Leben und Werk (1768 bis 1834) von M. Redeker. 320 S., 3 Bildn. 1968. (1177/1177a)

Sören Kierkegaard. Leben und Werk von H. Gerdes. 134 S. 1966. (1221)

Einführung in die Konfessionskunde der orthodoxen Kirchen von K. Onasch. 291 S. 1962. (1197/1197a)

Geschichte des christlichen Gottesdienstes von W. Nagel. 215 S. 1962. (1202/1202a)

Geschichte Israels. Von den Anfängen bis zur Zerstörung des Tempels (70 n. Chr.) von E. L. Ehrlich. 2. Aufl. In Vorb. (231/231a)

Römische Religionsgeschichte von F. Altheim. 2 Bde. 2., umgearb. Aufl.
I: Grundlagen und Grundbegriffe. 116 S. 1956. (1035)
II: Der geschichtliche Ablauf. 164 S. 1956. (1052)

Die Religion des Buddhismus von D. Schlingloff. 2 Bde.
I: Der Heilsweg des Mönchstums. 122 S., 11 Abb., 1 Kte. 1962. (174)
II: Der Heilsweg für die Welt. 129 S., 9 Abb., 1 Kte. 1963. (770)

Musik

Musikästhetik von H. J. Moser. 180 S. M. zahlr. Notenbeisp. 1953. (344)

Systematische Modulation von R. Hernried. 2. Aufl. 136 S. M. zahlr. Notenbeisp. 1950. (1094)

Der polyphone Satz von E. Pepping. 2 Bde.
I: Der cantus-firmus-Satz. 2. Aufl. 223 S. Mit zahlr. Notenbeisp. 1950. (1148)
II: Übungen im doppelten Kontrapunkt und im Kanon. 137 S. M. zahlr. Notenbeisp. 1957. (1164/1164a)

Allgemeine Musiklehre von H. J. Moser. 3. Aufl. 154 S. M. zahlr. Notenbeisp. 1968. (220/220a)

Harmonielehre von H. J. Moser. 2. Aufl. 109 S. M. 122 Notenbeisp. 1968. (809)

Die Musik des 19. Jahrhunderts von W. Oehlmann. 180 S. 1953. (170)

Die Musik des 20. Jahrhunderts von W. Oehlmann. 312 S. 1961. (171/171a)

Technik der deutschen Gesangskunst von H. J. Moser. 3., durchges. u. verb. Aufl. 144 S., 5 Fig., sowie Tab. u. Notenbeisp. 1954. (576/576a)

Die Kunst des Dirigierens von H. W. von Waltershausen†. 2., verm. Aufl. 138 S. M. 19 Notenbeisp. 1954. (1147)

Die Technik des Klavierspiels aus dem Geiste des musikalischen Kunstwerkes von K. Schubert†. 3. Aufl. 110 S. M. Notenbeisp. 1954. (1045)

Kunst

Stilkunde von H. Weigert. 2 Bde.
I: Vorzeit, Antike, Mittelalter. 4. Aufl. Etwa 136 S., 94 Abb. In Vorb. (80)
II: Spätmittelalter und Neuzeit. 3., durchges. u. erg. Aufl. 150 S., 88 Abb. 1958. (781)

Archäologie von A. Rumpf. 3 Bde.
I: Einleitung, historischer Überblick. 143 S., 6 Abb., 12 Taf. 1953. (538)
II: Die Archäologensprache. Die antiken Reproduktionen. 136 S., 7 Abb., 12 Taf. 1956. (539)
III: In Vorb. (540)

Geschichte

Einführung in die Geschichtswissenschaft von P. Kirn. 5., bearb. u. erg. Aufl. von J. Leuschner. 134 S. 1968. (270)

Einführung in die Zeitgeschichte von B. Scheurig. 101 S. 1962. (1204)

Zeitrechnung der römischen Kaiserzeit, des Mittelalters und der Neuzeit für die Jahre 1—2000 n. Chr. von H. Lietzmann†. 3. Aufl., durchges. von K. Aland. 130 S. 1956. (1085)

Kultur der Urzeit von F. Behn. 3 Bde. 4. Aufl. der Kultur der Urzeit Bd. 1—3 von M. Hoernes.
I: Die vormetallischen Kulturen. (Die Steinzeiten Europas. Gleichartige Kulturen in anderen Erdteilen.) 172 S., 48 Abb. 1950. (564)
II: Die älteren Metallkulturen. (Der Beginn der Metallbenutzung, Kupfer- und Bronzezeit in Europa, im Orient und in Amerika.) 160 S., 67 Abb. 1950. (565)
III: Die jüngeren Metallkulturen. (Das Eisen als Kulturmetall, Hallstatt-Latène-Kultur in Europa. Das erste Auftreten des Eisens in den anderen Weltteilen.) 149 S., 60 Abb. 1950. (566)

Vorgeschichte Europas von F. Behn. Neuaufl. In Vorb. (42)

Der Eintritt der Germanen in die Geschichte von J. Haller†. 4. Aufl., durchges. von H. Dannenbauer. 120 S., 6 Kartensk. In Vorb. (1117)

Von den Karolingern zu den Staufern. Die altdeutsche Kaiserzeit (900—1250) von J. Haller†. 5., durchges. Aufl. von H. Dannenbauer. 142 S., 4 Ktn. In Vorb. (1065)

Von den Staufern zu den Habsburgern. Auflösung des Reichs und Emporkommen der Landesstaaten (1250—1519) von J. Haller†. 2., durchges. Aufl. von H. Dannenbauer. 118 S., 6 Kartensk. 1960. (1077)

Deutsche Geschichte im Zeitalter der Reformation, der Gegenreformation und des dreißigjährigen Krieges von F. Hartung. 2., durchges. Aufl. 128 S. 1963. (1105)

Deutsche Geschichte von 1648—1740. Politischer und geistiger Wiederaufbau von W. Treue. 120 S. 1956. (35)

Deutsche Geschichte von 1713—1806. Von der Schaffung des europäischen Gleichgewichts bis zu Napoleons Herrschaft von W. Treue. 168 S. 1957. (39)

Deutsche Geschichte von 1806—1890. Vom Ende des alten bis zur Höhe des neuen Reiches von W. Treue. 128 S. 1961. (893)

Deutsche Geschichte von 1890 bis zur Gegenwart von W. Treue. In Vorb. (894)

Quellenkunde der Deutschen Geschichte im Mittelalter (bis zur Mitte des 15. Jahrhunderts) von K. Jacob†. 3 Bde.
I: Einleitung. Allgemeiner Teil. Die Zeit der Karolinger. 6. Aufl., bearb. von H. Hohenleutner. 127 S. 1959. (279)
II: Die Kaiserzeit (911—1250). 6. Aufl. von H. Hohenleutner. 141 S. 1968. (280)
III: Das Spätmittelalter (vom Interregnum bis 1500). Hrsg. von F. Weden. 2. Aufl. In Vorb. (284)

Geschichte Englands von H. Preller. 2 Bde.
I: bis 1815. 4., erw. Aufl. 128 S., 7 Stammtaf., 1 Kte. 1967. (375)
II: Von 1815 bis 1910. 2., völl. umgearb. Aufl. 118 S., 1 Stammtaf., 7 Ktn. 1954. (1088)

Römische Geschichte von F. Altheim. 4 Bde. 2., verb. Aufl.
I: Bis zur Schlacht bei Pydna (168 v. Chr.). 124 S. 1956. (19)
II: Bis zur Schlacht bei Actium (31 v. Chr.). 129 S. 1956. (677)
III: Bis zur Schlacht an der Milvischen Brücke (312 n. Chr.). 148 S. 1958. (679)
IV: Bis zur Schlacht am Yarmuk (636 n. Chr.). In Vorb. (684)

Geschichte der Vereinigten Staaten von Amerika von O. Graf zu Stolberg-Wernigerode. 192 S., 10 Ktn. 1956. (1051/1051a)

Deutsche Sprache und Literatur

Geschichte der deutschen Sprache von H. Sperber. Neubearb. von P. von Polenz. 6. Aufl. 136 S. 1968. (915)

Deutsches Rechtschreibungswörterbuch von M. Gottschaldt†. 2., verb. Aufl. 269 S. 1953. (200/200a)

Deutsche Wortkunde. Kulturgeschichte des deutschen Wortschatzes von A. Schirmer. 6. Aufl. von W. Mitzka. 125 S. 1969. Im Druck. (929)

Deutsche Sprachlehre von W. Hofstaetter. 10. Aufl. Völl. Umarb. der 8. Aufl. 150 S. 1960. (20)

Stimmkunde für Beruf, Kunst und Heilzwecke von H. Biehle. 111 S. 1955. (60)

Redetechnik. Einführung in die Rhetorik von H. Biehle. 3., neubearb. Aufl. 212 S. 1968. (61/61a)

Einführung in die Phonetik von M. Schubiger. 1969. In Vorb. (1217/1217a)

Grundlagen der Sprecherziehung von J. Jesch. 93 S., 8 Abb. 1967. (1122)

Deutsches Dichten und Denken von der germanischen bis zur staufischen Zeit von H. Naumann†. (Deutsche Literaturgeschichte vom 5.—13. Jahrhundert.) 3., verb. Aufl. In Vorb. (1121)

Deutsches Dichten und Denken vom Mittelalter zur Neuzeit von G. Müller (1270 bis 1700). 3., durchges. Aufl. In Vorb. (1086)

Deutsches Dichten und Denken von der Aufklärung bis zum Realismus (Deutsche Literaturgeschichte von 1700—1890) von K. Viëtor†. 4. Aufl. In Vorb. (1096)

Deutsche Heldensage von H. Schneider. 2. Aufl., bearb. von R. Wisniewski. 148 S. 1964. (32)

Der Nibelunge Nôt in Auswahl. Mit kurzem Wörterbuch hrsg. von K. Langosch. 11., durchges. Aufl. 166 S. 1966. (1)

Kudrun und Dietrich-Epen in Auswahl mit Wörterbuch von O. L. Jiriczek. 6. Aufl., bearb. von R. Wisniewski. 173 S. 1957. (10)

Wolfram von Eschenbach, Parzival. Eine Auswahl mit Anmerkungen und Wörterbuch von H. Jantzen. 3. Aufl., bearb. von H. Kolb. 128 S. 1966. (921)

Hartmann von Aue. Der arme Heinrich nebst einer Auswahl aus der „Klage", dem „Gregorius" und den „Liedern" (mit einem Wörterverzeichnis) 2., verb. Aufl., hrsg. von F. Maurer. 96 S. 1968. (18)

Gottfried von Straßburg. Tristan und Isolde in Auswahl hrsg. von F. Maurer. 2. Aufl. 142 S. 1965. (22)

Die deutschen Personennamen von M. Gottschald†. 2., verb. Aufl. 151 S. 1955. (422)

Althochdeutsches Elementarbuch. Grammatik und Texte von H. Naumann† u. W. Betz. 4., verb. u. verm. Aufl. 183 S. 1967. (1111/1111a)

Mittelhochdeutsche Grammatik von H. de Boor u. R. Wisniewski. 5., durchges. Aufl. 150 S. 1967. (1108)

Indogermanisch, Germanisch

Indogermanische Sprachwissenschaft von H. Krahe. 2 Bde.
I: Einleitung und Lautlehre. 5. Aufl. 110 S. 1966. (59)
II: Formenlehre. 5., neubearb. Aufl. 100 S. 1969. (64)

Sanskrit-Grammatik mit sprachvergleichenden Erläuterungen von M. Mayrhofer. 2., völl. neu bearb. Aufl. 110 S. 1965. (1158/1158a)

Altirische Grammatik von J. Pokorny. 2. Aufl. In Vorb. (896/896a)

Gotisches Elementarbuch. Grammatik. Texte mit Übersetzung und Erläuterungen von H. Hempel. 4., neubearb. Aufl. 169 S. 1966. (79/79a)

Altnordisches Elementarbuch. Einführung, Grammatik, Texte (zum Teil mit Übersetzung) und Wörterbuch von F. Ranke. 3., völl. umgearb. Aufl. von D. Hofmann. 205 S. 1967. (1115/1115a/1115b)

Germanische Sprachwissenschaft von H. Krahe. 3 Bde.
I: Einleitung und Lautlehre. 7. Aufl. bearb. von W. Meid. 1969. In Vorb. (238)
II: Formenlehre. 6. Aufl. 149 S. 1967. (780)
III: Wortbildungslehre von W. Meid. 270 S. 1967. (1218/1218a/1218b)

Englisch, Romanisch

Altenglisches Elementarbuch. Einführung, Grammatik, Texte mit Übersetzung und Wörterbuch von M. Lehnert. 7., verb. Aufl. 178 S. 1969. (1125)

Mittelenglisches Elementarbuch. Einführung, Grammatik, Texte mit Übersetzung und Wörterbuch von H. Weinstock. 239 S. 1968. (1226/1226a/1226b)

Historische neuenglische Laut- und Formenlehre von E. Ekwall. 4., verb. Aufl. 150 S. 1965. (735)

Englische Phonetik von H. Mutschmann†. 2. Aufl., bearb. von G. Scherer. 127 S. 1963. (601)

Englische Literaturgeschichte von F. Schubel. 4 Bde.
I: Die alt- und mittelenglische Periode. 2., neubearb. Aufl. 189 S. 1967. (1114/1114a)
II: Von der Renaissance bis zur Aufklärung. 160 S. 1956. (1116)
III: Romantik und Viktorianismus. 160 S. 1960. (1124)

Beowulf. Eine Auswahl mit Einführung, teilweiser Übersetzung, Anmerkungen und etymologischem Wörterbuch von M. Lehnert. 4., verb. Aufl. 135 S. 1967. (1135)

Shakespeare von P. Meißner†. 2. Aufl., neubearb. von M. Lehnert. 136 S. 1954. (1142)

Romanische Sprachwissenschaft von H. Lausberg. 4 Bde.
I: Einleitung und Vokalismus. 3., durchges. Aufl. 211 S. 1969. (128/128a)
II: Konsonantismus. 2., durchges. Aufl. 95 S. 1967. (250)
III: Formenlehre. 1. Teil. 99 S. 1962. (1199)
III Formenlehre. 2. Teil. S. 99—260. 1962. (1200/1200a)
IV: Wortlehre. In Vorb. (1208)

Griechisch, Lateinisch

Griechische Sprachwissenschaft von W. Brandenstein. 3 Bde.
I: Einleitung, Lautsystem, Etymologie. 160 S. 1954. (117)
II: Wortbildung und Formenlehre. 192 S. 1959. (118/118a)
III: Syntax I. Einleitung. Die Flexibilien. 145 S. 1966. (924/924a)

Geschichte der griechischen Sprache. 2 Bde.
I: Bis zum Ausgang der klassischen Zeit von O. Hoffmann und A. Debrunner. 4., neubearb. Aufl. von A. Scherer. 1969. (111/111a)
II: Grundfragen und Grundzüge des nachklassischen Griechisch von A. Debrunner. 2. Aufl., bearb. von A. Scherer. 1969. (114/114a)

Geschichte der griechischen Literatur von W. Nestle. 2 Bde. 3. Aufl., bearb. von W. Liebich.
I: 144 S. 1961. (70)
II: 149 S. 1963. (557)

Grammatik der neugriechischen Volkssprache von J. Kalitsunakis. 3., wes. erw. u. verb. Aufl. 196 S. 1963. (756/756a)

Neugriechisch-deutsches Gesprächsbuch von J. Kalitsunakis. 2. Aufl., bearb. von A. Steinmetz. 99 S. 1960. (587)

Geschichte der lateinischen Sprache von F. Stolz u. A. Debrunner†. 4., stark umgearb. Aufl. von W. P. Schmid. 145 S. 1966. (492/492a)

Geschichte der römischen Literatur von L. Bieler. 2., verb. Aufl. 2 Bde.
I: Die Literatur der Republik. 160 S. 1965. (52)
II: Die Literatur der Kaiserzeit. 133 S. 1965. (866)

Orientalistik, Slavistik

Die Keilschrift von B. Meissner. 3., völl. neu bearb. Aufl. von K. Oberhuber. 164 S., 6 Abb. 1967. (708/708a/708b)

Die Hieroglyphen von A. Erman. 3. Aufl., neubearb. von O. Krückmann. In Vorb. (608/608a/608b)

Hebräische Grammatik von R. Meyer. 3 Bde.
I: Einleitung, Schrift- und Lautlehre. 3., neubearb. Aufl. 120 S. 1966. (763/763a/763b)
II: Formenlehre und Flexionstabellen. 3., neubearb. Aufl. 221 S. 1969. (764/764a/764b)
III: Satzlehre. In Vorb. (765/765a/765b)

Hebräisches Textbuch zu G. Beer-R. Meyer, Hebräische Grammatik von R. Meyer. 170 S. 1960. (769/769a)

Slavische Sprachwissenschaft von H. Bräuer. 5 Bde.
I: Einleitung, Lautlehre. 221 S. 1961. (1191/1191a)
II: Formenlehre. 1. Tl. 190 S. 1969. (1192/1192a/1192b)
III: Formenlehre. 2. Tl. 160 S. 1969. (1236/1236a)

Vergleichende Geschichte der slavischen Literaturen von D. Tschižewskij. 2 Bde.
I: Einführung. Anfänge des slavischen Schrifttums bis zum Klassizismus. 186 S. 1968. (1222/1222a)
II: Von der Romantik bis zur Moderne. 133 S. 1968. (1223)

Russische Grammatik von E. Bernekert†. 6., verb. Aufl. von M. Vasmer†. 155 S. 1961. (66)

Polnische Grammatik von N. Damerau. 139 S. 1967. (942/942a)

Erd- und Länderkunde, Kartographie

Afrika von F. Jaeger. Ein geographischer Überblick. 2 Bde. 3. Aufl.
I: Der Lebensraum. 179 S., 18 Abb. In Vorb. (910)
II: Mensch und Kultur. 155 S., 6 Abb. In Vorb. (911)

Australien und Ozeanien von H. J. Krug. 176 S., 46 Sk. 1953. (319)

Kartographie von V. Heissler. 3. Aufl. 213 S., 125 Abb., 8 Anl. 1968. (30/30a)

Wirtschaft, Statistik, Publizistik

Allgemeine Betriebswirtschaftslehre von K. Mellerowicz. 4 Bde. 12. u. 13., durchges., erw. u. veränd. Aufl.
I: 224 S. 1969. (1008/1008a)
II: 188 S. 1966. (1153/1153a)
III: 260 S. 1967. (1154/1154a)
IV: 217 S. 1968. (1186/1186a)

Allgemeine Volkswirtschaftslehre von A. Paulsen. 4 Bde.
I: Grundlegung, Wirtschaftskreislauf. 8. Aufl. 159 S., 11 Abb. 1968. (1169)
II: Haushalte, Unternehmungen, Marktformen. 8. Aufl. 203 S., 35 Abb. 1968. (1170/1170a)
III: Produktionsfaktoren. 5., neubearb. u. erg. Aufl. 228 S., 24 Abb. 1967. (1171/1171a)
IV: Gesamtbeschäftigung, Konjunkturen, Wachstum. 5. Aufl. 188 S. 1968. (1172)

Übungsaufgaben mit Lösungen zu A. Paulsen, Allgemeine Volkswirtschaftslehre I/II von W. Wedig. 177 S. 1967. (1227/1227a)

Geschichte der Volkswirtschaftslehre von S. Wendt. 2., neubearb. Aufl. 184 S. 1968. (1194/1194a)

Allgemeine Volkswirtschaftspolitik von H. Ohm. 2 Bde.
- I: Systematisch-theoretische Grundlegung. 3., verb. u. erg. Aufl. Etwa 160 S., 7 Abb. 1969. (1195)
- II: Der volkswirtschaftliche Gesamtorganismus als Objekt der Wirtschaftspolitik. Etwa 180 S. 1969. (1196/1196a)

Finanzwissenschaft von H. Kolms. 4 Bde.
- I: Grundlegung, Öffentliche Ausgaben. 3., verb. Aufl. 165 S. 1966. (148)
- II: Erwerbseinkünfte, Gebühren und Beiträge, Allgemeine Steuerlehre. 3., verb. Aufl. 154 S. 1966. (391)
- III: Besondere Steuerlehre. 2., verb. u. erg. Aufl. 205 S. 1967. (776/776a)
- IV: Öffentlicher Kredit, Öffentlicher Haushalt. Finanzausgleich. 191 S. 1964. (782/782a)

Finanzmathematik von M. Nicolas. 2., verb. Aufl. 192 S., 11 Taf., 8 Tab. u. 72 Beisp. 1967. (1183/1183a)

Programmierung von Datenverarbeitungsanlagen von H. J. Schneider u. D. Jurksch. 111 S., 8 Tab., 11 Abb. 1967. (1225/1225a)

Lineare Programmierung von H. Langen. Etwa 200 S. In Vorb.(1206/1206a)

Betriebsverbindungen von E.Grochla. Etwa 262 S., 12 Abb. 1969. (1235/1235a)

Buchhaltung und Bilanz von E. Kosiol. 2., überarb. u. veränd. Aufl. 186 S. 1967. (1213/1213a)

Kostenrechnung und Betriebsbuchhaltung von E. Kosiol. Etwa 250 S., 43 Abb. 1969. (1214/1214a)

Industrie- und Betriebssoziologie von W. Burisch. 5., neubearb. u. erw. Aufl. der bisherigen Darstellung von R. Dahrendorf. Etwa 214 S., 3 Fig. 1969. (103/103a)

Wirtschaftssoziologie von F. Fürstenberg. 122 S. 1961. (1193)

Psychologie des Berufs- und Wirtschaftslebens von W. Moede†. 190 S. 48 Abb. 1958. (851/851 a)

Einführung in die Arbeitswissenschaft von H. H. Hilf. 169 S., 57 Abb. 1964. (1212/1212a)

Allgemeine Methodenlehre der Statistik von J. Pfanzagl. 2 Bde.
- I: Elementare Methoden unter besonderer Berücksichtigung der Anwendungen in den Wirtschafts- und Sozialwissenschaften. 4., verb. Aufl. 266 S., 51 Abb. 1967. (746/746a)
- II: Höhere Methoden unter besonderer Berücksichtigung der Anwendungen in Naturwissenschaften, Medizin und Technik. 3., verb. Aufl. 315 S., 41 Abb. 1968. (747/747a)

Werbung von C. Hundhausen. Etwa 112 S. 1969. (1231)

Wirtschaftswerbung von C. Hundhausen. 1969. In Vorb. (1232)

Public Relations von C. Hundhausen. 1969. Im Druck. (1233)

Propaganda von C. Hundhausen. In Vorb. (1234)

Zeitungslehre von E. Dovifat. 2 Bde. 5., neubearb. Aufl.
- I: Theoretische und rechtliche Grundlagen — Nachricht und Meinung — Sprache und Form. 162 S. 1967. (1039/1039a)
- II: Redaktion — Die Sparten: Verlag und Vertrieb, Wirtschaft und Technik — Sicherung der öffentlichen Aufgabe. 179 S. 1967. (1040/1040a)

Naturwissenschaften

Mathematik

Geschichte der Mathematik von J. E. Hofmann. 4 Bde.
I: Von den Anfängen bis zum Auftreten von Fermat und Descartes. 2., verb. u verm. Aufl. 251 S. 1963. (226/226a)
II: Von Fermat und Descartes bis zur Erfindung des Calculus und bis zum Ausbau der neuen Methoden. 109 S. 1957. (875)
III: Von den Auseinandersetzungen um den Calculus bis zur französischen Revolution. 107 S. 1957. (882)
IV. Geschichte der Mathematik der neuesten Zeit von N. Stuloff. In Vorb. (883)

Mathematische Formelsammlung von F. O. Ringleb. 8., verb. Aufl. 322 S., 40 Fig. 1968. (51/51a)

Vierstellige Tafeln und Gegentafeln für logarithmisches und trigonometrisches Rechnen in zwei Farben zusammengestellt von H. Schubert und R. Haussner. 3., neubearb. Aufl. von J. Erlebach. 158 S. 1960. (81)

Fünfstellige Logarithmen mit mehreren graphischen Rechentafeln und häufig vorkommenden Zahlenwerten von A. Adler. 4. Aufl., überarb. von J. Erlebach. 127 S., 1 Taf. 1962 (423)

Arithmetik von P. B. Fischer†. 3. Aufl. von H. Rohrbach. 152 S., 19 Abb. 1958. (47)

Höhere Algebra von H. Hasse. 2 Bde. 5., neubearb. Aufl.
I: Lineare Gleichungen. 150 S. 1963. (931)
II: Gleichungen höheren Grades. 158 S., 5 Fig. 1967. (932)

Aufgabensammlung zur höheren Algebra von H. Hasse u. W. Klobe. 3., verb. Aufl. 183 S. 1961. (1082)

Elementare und klassische Algebra vom modernen Standpunkt von W. Krull. 2 Bde.
I: 3., erw. Aufl. 148 S. 1963. (930)
II: 132 S. 1959. (933)

Algebraische Kurven und Flächen von W. Burau. 2 Bde.
I: Algebraische Kurven der Ebene. 153 S., 28 Abb. 1962. (435)
II: Algebraische Flächen 3. Grades und Raumkurven 3. und 4. Grades. 162 S., 17 Abb. 1962. (436/436a)

Einführung in die Zahlentheorie von A. Scholz†. Überarb. u. hrsg. von B. Schoeneberg. 4. Aufl. 128 S. 1966. (1131)

Formale Logik von P. Lorenzen. 3., durchges. u. erw. Aufl. 184 S. 1967. (1176/1176a)

Topologie von W. Franz. 2 Bde.
I: Allgemeine Topologie. 3. Aufl. 144 S., 9 Fig. 1968. (1181)
II: Algebraische Topologie. 153 S. 1965. (1182/1182a)

Elemente der Funktionentheorie von K. Knopp†. 7. Aufl. 144 S., 23 Fig. 1966. (1109)

Funktionentheorie von K. Knopp†. 2 Bde. 11. Aufl.
I: Grundlagen der allgemeinen Theorie der analytischen Funktionen. 144 S., 8 Fig. 1965. (668)
II: Anwendungen und Weiterführung der allgemeinen Theorie. 130 S., 7 Fig. 1965. (703)

Aufgabensammlung zur Funktionentheorie von K. Knopp†. 2 Bde.
I: Aufgaben zur elementaren Funktionentheorie. 7. Aufl. 135 S. 1965. (877)
II: Aufgaben zur höheren Funktionentheorie. 6. Aufl. 151 S. 1964. (878)

Differential- und Integralrechnung von M. Barner. 4 Bde.
I: Grenzwertbegriff, Differentialrechnung. 2., durchges. Aufl. 176 S., 39 Fig. 1963. (86)

Gewöhnliche Differentialgleichungen von G. Hoheisel. 7., neubearb. u. erw. Aufl. 142 S. 1965. (920/920a)

Partielle Differentialgleichungen von G. Hoheisel. 5. Aufl. 130 S. 1968. (1003)

Aufgabensammlung zu den gewöhnlichen und partiellen Differentialgleichungen von G. Hoheisel. 4., neubearb. Aufl. 153 S. 1964. (1059/1059a)

Integralgleichungen von G. Hoheisel. 2., neubearb. u. erw. Aufl. 112 S. 1963. (1099)

Mengenlehre von E. Kamke. 6. Aufl. 194 S., 6 Fig. 1969. (999/999a)

Gruppentheorie von L. Baumgartner. 4., erw. Aufl. 190 S., 3 Taf. 1964. (837/837a)

Ebene und sphärische Trigonometrie von G. Hessenberg†. 5. Aufl., durchges. von H. Kneser. 172 S., 60 Fig. 1957. (99)

Darstellende Geometrie von W. Haack. 3 Bde.
I: Die wichtigsten Darstellungsmethoden. Grund- und Aufriß ebenflächiger Körper. 6. Aufl. 113 S., 120 Abb. 1967. (142)
II: Körper mit krummen Begrenzungsflächen. Kotierte Projektionen. 5. Aufl. 129 S., 86 Abb. 1968. (143)
III: Axonometrie und Perspektive. 3. Aufl. 129 S., 100 Abb. 1965. (144)

Analytische Geometrie von K. P. Grotemeyer. 3., neubearb. Aufl. 218 S., 73 Abb. 1964. (65/65a)

Nichteuklidische Geometrie. Hyperbolische Geometrie der Ebene von R. Baldus†. 4. Aufl., bearb. u. erg. von F. Löbell. 158 S., 75 Fig. 1964. (970/970a)

Differentialgeometrie von K. Strubecker. 3 Bde.
I: Kurventheorie der Ebene und des Raumes. 2., erw. Aufl. 253 S., 45 Fig. 1964. (1113/1113a)

II: Theorie der Flächenmetrik. 2., erg. Aufl. 261 S., 23 Fig. 1969. (1179/1179a)
III: Theorie der Flächenkrümmung. 2., verb. Aufl. 264 S., 38 Fig. 1969. (1180/1180a)

Variationsrechnung vou L. Koschmieder. 2 Bde. 2., neubearb. Aufl.
I: Das freie und gebundene Extrem einfacher Grundintegrale. 128 S., 23 Fig. 1962. (1074)
II: Anwendung klassischer Verfahren auf allgemeine Fragen des Extrems. — Neuere unmittelbare Verfahren. In Vorb. (1075)

Einführung in die konforme Abbildung von L. Bieberbach. 6., neubearb. Aufl. 184 S., 41 Zeichng 1967. (768/768a)

Vektoren und Matrizen von S. Valentiner. 4. Aufl. (11., erw. Aufl. der „Vektoranalysis"). Mit Anh.: Aufgaben zur Vektorrechnung von H. König. 206 S., 35 Fig. 1967. (354/354a)

Wahrscheinlichkeitstheorie und Grundzüge der Maßtheorie von H. Bauer.
154 S. 1964. (1216/1216a)

Kinematik von H. R. Müller. 171 S., 75 Fig. 1963. (584/584a)

Versicherungsmathematik von F. Böhm. 2 Bde.
I: Elemente der Versicherungsrechnung. 4. Aufl. In Vorb. (180)
II: Lebensversicherungsmathematik. Einführung in die technischen Grundlagen der Sozialversicherung. 2., verb. u. verm. Aufl. 205 S. 1953. (917/917a)

Finanzmathematik von M. Nicolas. 2., verb. Aufl. 192 S., 11 Taf., 8 Tab. u. 72 Beisp. 1967. (1183/1183a)

Lineare Programmierung von H. Langen. Etwa 200 S. In Vorb.(1206/1206a)

Programmierung von Datenverarbeitungsanlagen von H. J. Schneider u. D. Jurksch. 111 S., 8 Tab., 11 Abb. 1967. (1225/1225a)

Physik

Einführung in die theoretische Physik von W. Döring. 5 Bde.
I: Mechanik. 3., verb. Aufl. 125 S., 23 Abb. 1965. (76)
II: Das elektromagnetische Feld. 3., verb. Aufl. 143 S., 16 Abb. 1968. (77/77a)
III: Optik. 2., verb. Aufl. 117 S., 32 Abb. 1963. (78)
IV: Thermodynamik. 2., verb. Aufl. 107 S., › Abb. 1964. (374)
V: Statistische Mechanik. 2., umgearb. Aufl. 117 S., 10 Abb. 1966. (1017)

Mechanik deformierbarer Körper von M. Päsler. 199 S., 48 Abb. 1960. (1189/1189a)

Atomphysik von K. Bechert, Ch. Gerthsen† u. A. Flammersfeld. 4 Bde. 4., durchges. Aufl.
I: Allgemeine Grundlagen. 1. Teil von A. Flammersfeld. Neuaufl. In Vorb. (1009)
II: Allgemeine Grundlagen. 2. Teil von A. Flammersfeld. Neuaufl. In Vorb. (1033)
III: Theorie des Atombaus. 1. Teil von K. Bechert. 148 S., 16 Abb. 1963. (1123/1123a)

IV: Theorie des Atombaus. 2. Teil von K. Bechert. 170 S., 14 Abb. 1963. (1165/1165a)

Differentialgleichungen der Physik von F. Sauter. 4., durchges. u. erg. Aufl. 147 S., 16 Fig. 1966. (1070)

Physikalische Grundbegriffe und Formeln von G. Mahler†. Fortgef. von K. Mahler. Neubearb. von E. Sohr. 12. Aufl. d. „Physikalischen Formelsammlung". 171 S., 58 Fig. 1968. (136)

Physikalische Aufgabensammlung mit Ergebnissen von G. Mahler†. Fortgef. von K. Mahler. Neubearb. von E. Sohr. 13. Aufl. Etwa 160 S. (243)

Chemie

Geschichte der Chemie in kurzgefaßter Darstellung von G. Lockemann. 2 Bde. 2. Aufl.
I: Vom Altertum bis zur Entdeckung des Sauerstoffs. 142 S., 4 Bildn. In Vorb. (264)
II: Von der Entdeckung des Sauerstoffs bis zur Gegenwart. 151 S., 16 Bildn. In Vorb. (265/265a)

Anorganische Chemie von W. Klemm. 14. Aufl. 255 S., 34 Abb. 1967. (37/37a)

Organische Chemie von W. Schlenk jun. 11., durchges. Aufl. 273 S., 16 Abb. 1968. (38/38a)

Physikalische Methoden in der Organischen Chemie von G. Kresze. 2 Bde.
I: 119 S., 65 Abb. 1962. (44)
II: 164 S 1962. (45/45a)

Allgemeine und physikalische Chemie von W. Schulze. 2 Bde.
I: 6., verb. Aufl. 139 S., 10 Fig. 1964. (71)
II: 6., erw. Aufl 222 S., 49 Fig. 1968. (698/698a)

Molekülbau. Theoretische Grundlagen und Methoden der Strukturermittlung von W. Schulze. 2. Aufl. In Vorb. (786)

Einfache Versuche zur allgemeinen und physikalischen Chemie von E. Dehn. 371 Versuche m. 40 Abb. 272 S. 1962. (1201/1201a)

Physikalisch-chemische Rechenaufgaben von E. Asmus. 4., verb. Aufl. 96 S. 1967. (445)

Maßanalyse. Theorie und Praxis der klassischen und der elektrochemischen Titrierverfahren von G. Jander und K. F. Jahr. 11., durchges. Aufl. mitbearb. von H. Knoll. 359 S., 56 Fig. 1966. (221/221a)

Qualitative Analyse von H. Hofmann u. G. Jander. 3., durchges. u. verb. Aufl. 308 S., 5 Abb. 1967. (247/247a)

Stöchiometrische Aufgabensammlung von W. Bahrdt† u. R. Scheer. Mit den Ergebnissen. 9., durchges. Aufl. 119 S. 1967. (452/452a)

Elektrochemie von K. Vetter. 2 Bde.
I: In Vorb. (252)
II: In Vorb. (253)

Geochemie von K. H. Wedepohl. 221 S., 26 Abb., 37 Tab. 1967. (1224/1224a/1224b)

Kristallchemie von J. Zemann. 144 S., 90 Abb. 1966. (1220/1220a)

Technologie

Die Chemie der Kunststoffe von K. Hamann. 2., neu überarb. Aufl. unt. Mitarb. von W. Funke u. K. Nollen. 177 S. 1967. (1173/1173a)

Warenkunde von K. Hassak u. E. Beutel†. 2 Bde.
I: Anorganische Waren sowie Kohle und Erdöl. 8. Aufl. Neubearb. von A. Kutzelnigg 119 S., 18 Fig. 1958. (222)
II: Organische Waren. 8. Aufl. Vollst. neu bearb. von A. Kutzelnigg. 157 S., 32 Fig. 1959. (223)

Die Fette und Öle von Th. Klug. 6., verb. Aufl. 143 S. 1961. (335)

Die Seifenfabrikation von K. Braun†. 3., neubearb. u. verb. Aufl. von Th. Klug. 116 S., 18 Abb. 1953. (336)

Thermische Verfahrenstechnik von H. Bock. 3 Bde.
I: Eigenschaften und Verhalten der realen Stoffe. 184 S., 28 Abb. 1963. (1209/1209a)
II: Funktion und Berechnung der elementaren Geräte. 195 S., 54 Abb. 1964. (1210/1210a)
III: Fließbilder, ihre Funktion und ihr Zusammenbau aus Geräten. 224 S., 67 Abb. 1965. (1211/1211a)

Textilindustrie von A. Blümcke.
I: Spinnerei und Zwirnerei. 111 S., 43 Abb. 1954. (184)

Biologie

Einführung in die allgemeine Biologie und ihre philosophischen Grund- und Grenzfragen von M. Hartmann. 2., unveränd. Aufl. 132 S., 2 Abb. 1965. (96)

Hormone von W. Hanke. 3., völl. neu bearb. Aufl. Etwa 224 S., 38 Abb., 10 Tab. 1969. (1141/1141a)

Fortpflanzung im Tier- und Pflanzenreich von J. Hämmerling. 2., erg. Aufl. 135 S., 101 Abb. 1951. (1138)

Geschlecht und Geschlechtsbestimmung im Tier- und Pflanzenreich von M. Hartmann. 2., verb. Aufl. 116 S., 61 Abb., 7 Tab. 1951. (1127)

Symbiose der Tiere mit pflanzlichen Mikroorganismen von P. Buchner. 2., verb. u. verm. Aufl. 130 S., 121 Abb. 1949. (1128)

Grundriß der allgemeinen Mikrobiologie von W. u. A. Schwartz. 2 Bde. 2., verb. u. erg. Aufl.
I: 147 S., 25 Abb. 1960. (1155)
II: 142 S., 29 Abb. 1961. (1157)

Botanik

Entwicklungsgeschichte des Pflanzenreiches von H. Heil. 2. Aufl. 138 S., 94 Abb., 1 Tab. 1950. (1137)

Morphologie der Pflanzen von L. Geitler. 3., umgearb. Aufl. 126 S., 114 Abb. 1953. (141)

Pflanzengeographie von L. Diels†. 5., völl. neu bearb. Aufl. von F. Mattick. 195 S., 2 Ktn. 1958. (389/389a)

Die Laubhölzer. Kurzgefaßte Beschreibung der in Mitteleuropa gedeihenden Laubbäume und Sträucher von F. W. Neger† und E. Münch†. 3., durchges. Aufl., hrsg. von B. Huber. 143 S., 63 Fig., 7 Tab. 1950. (718)

Die Nadelhölzer (Koniferen) und übrigen Gymnospermen von F. W. Neger† und E. Münch†. 4. Aufl., durchges. u. erg. von B. Huber. 140 S., 75 Fig., 4 Tab., 3 Ktn. 1952. (355)

Pflanzenzüchtung von H. Kuckuck. 2 Bde.
I: Grundzüge der Pflanzenzüchtung. 4. Aufl. In Vorb. (1134)
II: Spezielle gartenbauliche Pflanzenzüchtung (Züchtung von Gemüse, Obst und Blumen). 2. Aufl. In Vorb. (1178/1178a)

Zoologie

Entwicklungsphysiologie der Tiere von F. Seidel. 2 Bde. 2. Aufl.
I: Ei und Furchung. In Vorb. (1162)
II: Körpergrundgestalt und Organbildung. In Vorb. (1163)

Vergleichende Physiologie der Tiere von K. Herter. 2 Bde. 4. Aufl. der „Tierphysiologie".
I: Stoff- und Energiewechsel. Neu bearb. von K. Urich. 158 S., 61 Abb. 1966. (972/972a)
II: Bewegung und Reizerscheinungen. Neu bearb. von G. Birukow. In Vorb. (973/973a)

Das Tierreich
I: Einzeller, Protozoen von E. Reichenow. 2. Aufl. Etwa 115 S., 59 Abb. In Vorb. (444)
II: Schwämme und Hohltiere von H. J. Hannemann. 95 S., 80 Abb. 1956. (442)
III: Würmer. Platt-, Hohl-, Schnurwürmer, Kamptozoen, Ringelwürmer, Protracheaten, Bärtierchen, Zungenwürmer von S. Jaeckel. 114 S., 36 Abb. 1955. (439)
IV, 1: Krebse von H. E. Gruner und K. Deckert. 114 S., 43 Abb. 1956. (443)
IV, 2: Spinnentiere (Trilobitomorphen, Fühlerlose) und Tausendfüßler von A. Kaestner. 96 S., 55 Abb. 1955. (1161)
IV, 3: Insekten von H. von Lengerken. 2., neubearb. Aufl. 140 S., 59 Abb. 1966. (594)
V: Weichtiere. Urmollusken, Schnecken, Muscheln und Kopffüßer von S. Jaeckel. 92 S., 34 Fig. 1954. (440)
VI: Stachelhäuter. Tentakulaten, Binnenatmer und Pfeilwürmer von S. Jaeckel. 100 S., 46 Abb. 1955. (441)

VII, 1: Manteltiere, Schädellose, Rundmäuler von H. Fechter. In Vorb. (448)
VII, 2: Fische von D. Lüdemann. 130 S., 65 Abb. 1955. (356)
VII, 3: Lurche (Chordatiere) von K. Herter. 143 S., 129 Abb. 1955. (847)
VII, 4: Kriechtiere (Chordatiere) von K. Herter. 200 S., 142 Abb. 1960. (447/447a)
VII, 5: Vögel (Chordatiere) von H.-A. Freye. 156 S., 69 Fig. 1960. (869)
VII, 6: Säugetiere (Chordatiere) 1. Tl. von Th. Haltenorth. 220 S., 88 Abb. 1969. (282/282a/282b)
VII, 6: Säugetiere (Chordatiere) 2. Tl. von Th. Haltenorth. In Vorb. (283/283a/283b)

Land- und Forstwirtschaft

Landwirtschaftliche Tierzucht. Die Züchtung und Haltung der landwirtschaftlichen Nutztiere von H. Vogel. 139 S., 11 Abb. 1952. (228)

Kulturtechnische Bodenverbesserungen von O. Fauser. 2 Bde. 5., verb. u. verm. Aufl.
I: Allgemeines, Entwässerung. 127 S., 49 Abb. 1959. (691)
II: Bewässerung, Ödlandkultur, Flurbereinigung. 159 S., 71 Abb. 1961. (692)

Agrikulturchemie von K. Scharrer. 2 Bde.
I: Pflanzenernährung. 143 S. 1953. (329)
II: Futtermittelkunde. 192 S. 1956. (330/330a)

Geologie, Mineralogie, Kristallographie

Geologie von F. Lotze. 4., verb. Aufl. 184 S., 80 Abb. 1968. (13/13a)

Mineral- und Erzlagerstättenkunde von H. Huttenlocher†. 2 Bde. 2., neubearb. Aufl. von P. Ramdohr.
I: 137 S., 40 Abb., 2 Tab. 1965. (1014/1014a)
II: 135 S., 41 Abb. 1965. (1015/1015a)

Allgemeine Mineralogie. 12., wesentl. erw. Aufl. der „Mineralogie" von R. Brauns†, neubearb. von K. F. Chudoba. 159 S., 144 Textfig., 1 Taf., 3 Tab. 1968. (29/29a)

Spezielle Mineralogie. 11., erw. Aufl. der „Mineralogie" von R. Brauns†, bearb. von K. F. Chudoba. 193 S., 127 Textfig., 6 Tab. 1964. (31/31a)

Petrographie (Gesteinskunde) von W. Bruhns†. Neubearb. von P. Ramdohr. 6., erw. Aufl. 141 S., 21 Fig. 1966. (173)

Geochemie von K. H. Wedepohl. 221 S., 26 Abb., 37 Tab. 1967. (1224/1224a/1224b)

Kristallchemie von J. Zemann. 144 S., 90 Abb. 1966. (1220/1220a)

Kristallographie von W. Bruhns†. 6. Aufl., neubearb. von P. Ramdohr. 115 S., 164 Abb. 1965. (210)

Einführung in die Kristalloptik von E. Buchwald. 5., verb. Aufl. 128 S., 117 Fig. 1963. (619/619a)

Lötrohrprobierkunde. Mineraldiagnose mit Lötrohr und Tüpfelreaktion von M. Henglein. 4., durchges. u. erw. Aufl. 108 S., 12 Fig. 1962. (483)

Technik

Graphische Darstellung in Wissenschaft und Technik von M. Pirani. 3., erw. Aufl. bearb. von J. Fischer unt. Benutzg. der von I. Runge bes. 2. Aufl. 216 S., 104 Abb. 1957. (728/728a)

Technische Tabellen und Formeln von W. Müller. 5., verb. u. erw. Aufl. von E. Schulze. 165 S., 114 Abb., 99 Taf. 1962. (579)

Einführung in die Arbeitswissenschaft von H. H. Hilf. 164 S., 57 Abb. 1964. (1212/1212a)

Grundlagen der Straßenverkehrstechnik. Theorie der Leistungsfähigkeit von E. Engel. 101 S., 55 Abb. 1962. (1198)

Elektrotechnik

Grundlagen der allgemeinen Elektrotechnik von O. Mohr. 3. Aufl. 260 S., 136 Bild., 14 Taf. 1965. (196/196a)

Die Gleichstrommaschine von K. Humburg. 2 Bde. 3. Aufl.
I: Etwa 102 S., 59 Abb. In Vorb. (257)
II: Etwa 101 S., 38 Abb. In Vorb. (881)

Die Synchronmaschine von W. Putz. 92 S., 64 Bild. 1962. (1146)

Induktionsmaschinen von F. Unger. 3. Aufl. In Vorb. (1140)

Die komplexe Berechnung von Wechselstromschaltungen von H. H. Meinke. 3., neubearb. Aufl. 185 S., 126 Abb. 1965. (1156/1156a)

Theoretische Grundlagen zur Berechnung der Schaltgeräte von F. Kesselring. 4., vollst. überarb. u. erw. Aufl. 231 S., 145 Abb., 14 Taf. 1968. (711/711a/711b)

Einführung in die Technik selbsttätiger Regelungen von W. zur Megede. 3., überarb. u. erw. Aufl. 263 S., 111 Abb. 1968. (714/714a/714b)

Elektromotorische Antriebe von W. Meyer. 225 S., 113 Abb. 1967. (827/827a/827b)

Überspannungen und Überspannungsschutz von G. Frühauf. Durchges. Neudr. 122 S., 98 Abb. 1950. (1132)

Elektrische Höchstspannungs-Schaltanlagen. Für Freiluft und Innenanordnung von G. Meiners u. K.-H. Wiesenewsky. 138 S., 58 Abb. 1964. (796/796a)

Transformatoren von W. Schäfer. 5., überarb. u. erg. Aufl. 130 S., 73 Abb. 1967. (952/952a)

Maschinenbau

Thermische Verfahrenstechnik von H. Bock. 3 Bde.
I: Eigenschaften und Verhalten der realen Stoffe. 184 S., 28 Abb. 1963. (1209/1209a)
II: Funktion und Berechnung der elementaren Geräte. 195 S., 54 Abb. 1964. (1210/1210a)
III: Fließbilder, ihre Funktion und ihr Zusammenbau aus Geräten. 224 S., 67 Abb. 1965. (1211/1211a)

Technische Thermodynamik von U. Grigull. 171 S., 74 Abb. 1966. (1084/1084a)

Metallkunde von H. Borchers. 3 Bde.
I: Aufbau der Metalle und Legierungen. 7. Aufl. 120 S., 90 Abb., 2 Tab. 1968. (432)
II: Eigenschaften, Grundzüge der Form- und Zustandsgebung. 6., neu bearb. Aufl. Etwa 240 S., 107 Abb., 10 Tab. 1969. Im Druck. (433/433a)
III: Die metallkundlichen Untersuchungsmethoden von E. Hanke. In Vorb. (434)

Die Werkstoffe des Maschinenbaues von A. Thum† und C. M. v. Meysenbug. 2 Bde.
I: Einführung in die Werkstoffprüfung. 3. Aufl. In Vorb. (476)
II: Die Konstruktionswerkstoffe. 132 S., 40 Abb. 1959. (936)

Dynamik von W. Müller. 2 Bde. 2., verb. Aufl.
I: Dynamik des Einzelkörpers. 128 S., 48 Fig. 1952. (902)
II: Systeme von starren Körpern. 102 S., 41 Fig. 1952. (903)

Technische Schwingungslehre von L. Zipperer. 2 Bde. 2., neubearb. Aufl.
I: Allgemeine Schwingungsgleichungen, einfache Schwinger. 120 S., 101 Abb. 1953. (953)
II: Torsionsschwingungen in Maschinenanlagen. 102 S., 59 Abb. 1955. (961/961a)

Werkzeugmaschinen für Metallbearbeitung von K. P. Matthes. 2 Bde.
I: 10[illegible] S., 27 Abb., 11 Zahlentaf., 1 Tafelanh. 1954. (561)
II: Fertigungstechnische Grundlagen der neuzeitlichen Metallbearbeitung. 101 S., 30 Abb., 5 Taf. 1955. (562)

Das Maschinenzeichnen mit Einführung in das Konstruieren von W. Tochtermann. 2 Bde. 4. Aufl.
I: Das Maschinenzeichnen. 156 S., 75 Taf. 1950. (589)
II: Ausgeführte Konstruktionsbeispiele. 130 S., 58 Taf. 1950. (590)

Die Maschinenelemente von E. A. vom Ende†. 4., überarb. Aufl. 184 S., 179 Fig., 11 Taf. 1963. (3/3a)

Die Maschinen der Eisenhüttenwerke von L. Engel. 156 S., 95 Abb. 1957. (583/583a)

Walzwerke von H. Sedlaczek†. 3., neubearb. Aufl. In Vorb. (580/580a)

Getriebelehre von P. Grodzinski†. 2 Bde. 3., neubearb. Aufl. von G. Lechner.
I: Geometrische Grundlagen. 164 S., 131 Fig. 1960. (1061)
II: Angewandte Getriebelehre. Etwa 220 S. 175 Bild. u. 4 Tab. 1969. (1062/1062a)

Kinematik von H. R. Müller. 171 S., 75 Fig. 1963. (584/584a)

Gießereitechnik von H. Jungbluth. 2 Bde.
I: Eisengießerei. 2. Aufl. In Vorb. (1159)

Die Dampfkessel einschließlich Feuerungen und Hilfseinrichtungen. Physikalische und chemische Grundlagen, Berechnung und Konstruktion, Vorschriften und Beispiele von W. Marcard. 3., neubearb. Aufl. von G. Beyer. 3 Bde.
I: Physikalische und chemische Grundlagen, Wärmelehre, Wärmeübertragung, Verbrennung. 133 S., 35 Bild., 26 Tab. 1964. (9/9a)
II: Berechnung und Konstruktion. Dampfkessel, Hilfseinrichtungen. Feuerungen, Berechnung. 108 S., 45 Bild. 1966. (521/521a)
III: Vorschriften und Beispiele Rechtliche Grundlagen, wärme- und festigkeitstechnische Berechnung, Ausrüstung. 116 S., 13 Bild., Tab., Übersichten. 1969. (1230/1230a)

Die Dampfturbinen. Ihre Wirkungsweise, Berechnung und Konstruktion von C. Zietemann. 3 Bde. 4. Aufl.
I: Theorie der Jampfturbinen. 139 S., 48 Abb. In Vorb. (274)
II: Die Berechnung der Dampfturbinen und die Konstruktion der Einzelteile. 132 S. 111 Abb. In Vorb. (715)
III: Die Regelung der Dampfturbinen, die Bauarten, Turbinen für Sonderzwecke, Kondensationsanlagen 126 S., 90 Abb. In Vorb. (716)

Verbrennungsmotoren (Kolbenmotoren) von W. Endres. 3 Bde.
I: Überblick. Motor-Brennstoffe, Verbrennung im Motor allgemein, im Otto- und Diesel-Motor. 4. ufl 192 S., 57 Abb. 1968. (1076/1076a)
II: Gaswechselvorgang. Aufladen, Leistung, mittl. Druck. Reibung. Wirkungsgrade und Kraftstoffverbrauch. 152 S. 62 Abb. 1966 (1184/1184a)
III: Die Einzelteile des Verbrennungsmotors. In Vorb (1185/1185a)

Autogenes Schweißen und Schneiden von H. Niese. 5. Aufl., neubearb. von A. Küchler. 136 S.. 71 Fig. 1953. (499)

Die elektrischen Schweißverfahren von H. Niese. 2. Aufl., neubearb. von H. Dienst. 136 S., 58 Abb. 1955. (1020)

Die Hebezeuge. Entwurf von Winden und Kranen von G. Tafel. 2., verb. Aufl. 176 S., 230 Fig. 1954. (414/414a)

Vermessungswesen

Vermessungskunde von W. Großmann. 3 Bde.
I: Stückvermessung und Nivellieren. 13., verb. Aufl. 162 S., 132 Fig. 1969. (468)
II: Horizontalaufnahmen und ebene Rechnungen. 10., verb. Aufl. 149 S., 101 Fig. 1967. (469/469a)
III: Trigonometrische und barometrische Höhenmessung. Tachymetrie und Absteckungen. 9., verb. Aufl. 145 S., 101 Fig. 1969. (862)

Kartographie von V. Heissler. 3. Aufl. 213 S., 125 Abb., 8 Anl. 1968. (30/30a)

Photogrammetrie von G. Lehmann. 2., neubearb. Aufl. 205 S., 136 Abb. 1966. (1188/1188a)

Wasserbau

Wasserkraftanlagen von A. Ludin unt. Mitarb. von W. Borkenstein. 2 Bde.
I: Planung, Grundlagen und Grundzüge. 124 S., 60 Abb. 1955. (665)
II: Anordnung und Ausbildung der Hauptbauwerke. 184 S., 91 Abb. 1958. (666/666a)

Verkehrswasserbau von H. Dehnert. 3 Bde.
I: Entwurfsgrundlagen, Flußregelungen. 103 S., 53 Abb. 1950. (585)
II: Flußkanalisierung und Schiffahrtskanäle. 94 S., 60 Abb. 1950. (597)
III: Schleusen und Hebewerke. 98 S., 70 Abb. 1950. (1152)

Wehr- und Stauanlagen von H. Dehnert. 134 S., 90 Abb. 1952. (965)

Talsperren von F. Tölke. 122 S., 70 Abb. 1953. (1044)

Hoch- und Tiefbau

Die wichtigsten Baustoffe des Hoch- und Tiefbaus von O. Graf†. 4., verb. Aufl. 131 S., 63 Abb. 1953. (984)

Baustoffverarbeitung und Baustellenprüfung des Betons von A. Kleinlogel. 2., neubearb. u. erw. Aufl. 126 S., 35 Abb. 1951. (978)

Festigkeitslehre. 2 Bde.
I: Elastizität, Plastizität und Festigkeit der Baustoffe und Bauteile von W. Gehler† u. W. Herberg. Durchges. u. erw. Neudr. 159 S., 118 Abb. 1952. (1144)
II: Formänderung, Platten, Stabilität und Bruchhypothesen von W. Herberg und N. Dimitrov. 187 S., 94 Abb. 1955. (1145/1145a)

Grundlagen des Stahlbetonbaues von A. Troche. 2., neubearb. u. erw. Aufl. 208 S., 75 Abb., 17 Bemessungstaf., 20 Rechenbeisp. 1953. (1078)

Statik der Baukonstruktionen von A. Teichmann. 3 Bde.
I: Grundlagen. 101 S., 51 Abb., 8 Formeltaf. 1956. (119)
II: Statisch bestimmte Stabwerke. 107 S., 52 Abb., 7 Taf. 1957. (120)
III: Statisch unbestimmte Systeme. 112 S., 34 Abb., 7 Formeltaf. 1958. (122)

Fenster, Türen, Tore aus Holz und Metall. Eine Anleitung zu ihrer guten Gestaltung, wirtschaftlichen Bemessung und handwerksgerechten Konstruktion von W. Wickop†. 5. Aufl. In Vorb. (1092)

Heizung und Lüftung von W. Körting. 2 Bde. 10., neubearb. Aufl.
I: Das Wesen und die Berechnung der Heizungs- und Lüftungsanlagen. 171 S., 29 Abb., 36 Zahlentaf. 1962. (342/342a)
II: Die Ausführung der Heizungs- und Lüftungsanlagen. In Vorb. (343)

Industrielle Kraft- und Wärmewirtschaft von F. A. F. Schmidt u. A. Beckers. 167 S., 73 Abb. 1957. (318/318a)

Sammlung Göschen / Bandnummernfolge

1 Langosch, Der Nibelunge Nôt
3/3a v. Ende, Maschinenelemente
9/9a Marcard-Beyer, Dampfkessel I
10 Jiriczek-Wisniewski, Kudrun und Dietrich-Epen
13/13a Lotze, Geologie
18 Maurer, Hartmann von Aue, Der arme Heinrich
19 Altheim, Römische Geschichte I
20 Hofstaetter, Dt. Sprachlehre
22 Maurer, Gottfried von Strassburg
29/29a Brauns-Chudoba, Allgemeine Mineralogie
30/30a Heissler, Kartographie
31/31a Brauns-Chudoba, Spezielle Mineralogie
32 Schneider-Wisniewski, Deutsche Heldensage
35 Treue, Dt. Geschichte von 1648 bis 1740
37/37a Klemm, Anorgan. Chemie
38/38a Schlenk, Organische Chemie
39 Treue, Dt. Geschichte von 1713 bis 1806
42 Behn-Hoernes, Vorgeschichte Europas
44 Kresze, Physikal. Meth. in der Organ. Chemie I
45/45a Kresze, Physikal. Meth. in der Organ. Chemie II
47 Fischer-Rohrbach, Arithmetik
51/51a Ringleb, Mathem. Formelsammlung
52 Bieler, Röm. Literaturgesch. I
59 Krahe, Indogerm. Sprachwiss. I
60 Biehle, Stimmkunde
61/61a Biehle, Redetechnik
64 Krahe, Indogerm. Sprachwiss. II
65/65a Grotemeyer, Analyt. Geometrie
66 Berneker-Vasmer, Russische Grammatik
70 Nestle-Liebich, Gesch. d. griechischen Literatur I
71 Schulze, Allgemeine und physikalische Chemie I
76 Döring, Einf. i. d. th. Physik I
77/77a Döring, Einf. i. d. th. Physik II
78 Döring, Einf. i. d. th. Physik III
79/79a Hempel, Got. Elementarbuch
80 Weigert, Stilkunde I
81 Schubert-Haussner-Erlebach, Vierstell. Logarithmentafeln
86 Barner, Differential- u. Integralrechnung I
96 Hartmann, Einf. in die allgem. Biologie
99 Hessenberg-Kneser, Ebene und sphär. Trigonometrie
101/101a Wiese, Soziologie
103/103a Burisch-Dahrendorf, Industrie und Betriebssoziologie
104/104a Hofstätter, Sozialpsychologie
111/111a Hoffmann-Debrunner-Scherer, Gesch. d. griechischen Sprache I
114/114a Debrunner-Scherer, Gesch. der griechischen Sprache II
117 Brandenstein, Griechische Sprachwissenschaft I
118/118a Brandenstein, Griechische Sprachwissenschaft II
119 Teichmann, Statik der Baukonstruktionen I
120 Teichmann, Statik der Baukonstruktionen II
122 Teichmann, Statik der Baukonstruktionen III
128/128a Lausberg, Romanische Sprachwissenschaft I
136 Mahler-Sohr, Physikal. Grundbegriffe und Formeln
141 Geitler, Morphologie der Pflanzen
142 Haack, Darst. Geometrie I
143 Haack, Darst. Geometrie II
144 Haack, Darst. Geometrie III
145/145a Weimer, Gesch. der Pädagogik

148 Kolms, Finanzwissenschaft I
156/156a Landmann, Philosophische Anthropologie
170 Oehlmann, Musik des 19. Jhs.
171/171a Oehlmann, Musik des 20. Jhs.
173 Bruhns-Ramdohr, Petrographie
174 Schlingloff, Religion des Buddhismus I
180 Böhm, Versicherungsmathem. I
184 Blümcke, Textilindustrie I
196/196a Mohr, Grundlagen der allgem. Elektrotechnik
200/200a Gottschald, Dt. Rechtschreibungswörterbuch
210 Bruhns-Ramdohr, Kristallographie
220/220a Moser, Allg. Musiklehre
221/221a Jander-Jahr-Knoll, Maßanalyse
222 Hassak-Beutel-Kutzelnigg, Warenkunde I
223 Hassak-Beutel-Kutzelnigg, Warenkunde II
226/226a Hofmann, Gesch. der Mathematik I
228 Vogel, Landw. Tierzucht
231/231a Ehrlich, Geschichte Israels
238 Krahe, German. Sprachwiss. I
243 Mahler-Sohr, Physikal. Aufgabensammlung
247/247a Hofmann-Jander, Qualitative Analyse
250 Lausberg, Romanische Sprachwissenschaft II
252 Vetter, Elektrochemie I
253 Vetter, Elektrochemie II
257 Humburg, Gleichstrommaschine I
264 Lockemann, Gesch. der Chemie I
265/265a Lockemann, Geschichte der Chemie II
270 Kirn-Leuschner, Einführung in die Geschichtswissenschaft
274 Zietemann, Dampfturbinen I
279 Jacob-Hohenleutner, Quellenkunde der deutschen Geschichte I
280 Jacob-Hohenleutner, Quellenkunde der deutschen Geschichte II
281 Leisegang, Einführung in die Philosophie
282/282a/282b Haltenorth, Säugetiere I
283/283a/283b Haltenorth, Säugetiere II
284 Jacob-Weden, Quellenkunde der deutschen Geschichte III
318/318a Schmidt-Beckers, Industrielle Kraft- u. Wärmewirtschaft
319 Krug, Australien und Ozeanien
329 Scharrer, Agrikulturchemie I
330/330a Scharrer, Agrikulturchemie II
335 Klug, Fette und Öle
336 Braun-Klug, Seifenfabrikation
342/342a Körting, Heizung und Lüftung I
343 Körting, Heizung und Lüftung II
344 Moser, Musikästhetik
354/354a Valentiner-König, Vektoren und Matrizen
355 Neger-Münch-Huber, Nadelhölzer
356 Lüdemann, Fische
374 Döring, Einf. i. d. th. Physik IV
375 Preller, Geschichte Englands I
389/389a Diels-Mattick, Pflanzengeographie
391 Kolms, Finanzwissenschaft II
394/394a Schilling, Von der Renaissance bis Kant
414/414a Tafel, Hebezeuge
422 Gottschald, Dt. Personennamen
423 Adler-Erlebach, Fünfstellige Logarithmen
432 Borchers, Metallkunde I
433/433a Borchers, Metallkunde II
434 Borchers-Hanke, Metallkunde III
435 Burau, Algebr. Kurven und Flächen I
436/436a Burau, Algebr. Kurven und Flächen II
439 Jaeckel, Würmer
440 Jaeckel, Weichtiere
441 Jaeckel, Stachelhäuter
442 Hannemann, Schwämme und Hohltiere
443 Gruner-Deckert, Krebse
444 Reichenow, Einzeller
445 Asmus, Physikal.-chem. Rechenaufgaben
447/447a Herter, Kriechtiere
448 Fechter, Manteltiere
452/452a Bahrdt-Scheer, Stöchiometr. Aufgabenslg.
468 Großmann, Vermessungskunde I
469/469a Großmann, Vermessungskunde II
476 Thum-Meysenbug, Werkstoffe des Maschinenbaues I
483 Henglein, Lötrohrprobierkunde

492/492a Stolz-Debrunner-Schmid, Geschichte der lateinischen Sprache
499 Niese-Küchler, Autogenes Schweißen
500 Simmel, Hauptprobleme der Philosophie
521/521a Marcard-Beyer, Dampfkessel II
536 Kaulbach, Kant
538 Rumpf, Archäologie I
539 Rumpf, Archäologie II
540 Rumpf, Archäologie III
557 Nestle-Liebich, Gesch. der griech. Literatur II
561 Matthes, Werkzeugmaschinen I
562 Matthes, Werkzeugmaschinen II
564 Behn-Hoernes, Kultur der Urzeit I
565 Behn-Hoernes, Kultur d. Urzeit II
566 Behn-Hoernes, Kultur d. Urzeit III
571 Lehmann, Philosophie des 19. Jahrhunderts I
576/576a Moser, Gesangskunst
579 Müller-Schulze, Techn. Tabellen
580/580a Sedlaczek, Walzwerke
583/583a Engel, Maschinen der Eisenhüttenwerke
584/584a Müller, Kinematik
585 Dehnert, Verkehrswasserbau I
587 Kalitsunakis-Steinmetz, Neugriech.-dt. Gesprächsbuch
589 Tochtermann, Maschinenzeichnen I
590 Tochtermann, Maschinenzeichnen II
594 Lengerken, Insekten
597 Dehnert, Verkehrswasserbau II
601 Mutschmann-Scherer, Engl. Phonetik
608/608a/608b Erman-Krückmann, Hieroglyphen
619/619a Buchwald, Kristalloptik
665 Ludin-Borkenstein, Wasserkraftanlagen I
666/666a Ludin-Borkenstein, Wasserkraftanlagen II
668 Knopp, Funktionentheorie I
677 Altheim, Röm. Geschichte II
679 Altheim, Röm. Geschichte III
684 Altheim, Röm. Geschichte IV
691 Fauser, Kulturtechn. Bodenverbesserungen I
692 Fauser, Kulturtechn. Bodenverbesserungen II
698/698a Schulze, Allgemeine u. physikalische Chemie II
703 Knopp, Funktionentheorie II
708/708a/708b Meissner-Oberhuber, Keilschrift
709 Lehmann, Philosophie des 19. Jahrhunderts II
711/711a/711b Kesselring, Berechnung der Schaltgeräte
714/714a/714b zur Megede, Technik selbsttätiger Regelungen
715 Zietemann, Dampfturbinen II
716 Zietemann, Dampfturbinen III
718 Neger-Münch-Huber, Laubhölzer
728/728a Pirani-Fischer-Runge, Graph. Darstellung in Wissenschaft u. Technik
735 Ekwall, Historische neuengl. Laut- und Formenlehre
746/746a Pfanzagl, Allg. Methodenlehre der Statistik I
747/747a Pfanzagl, Allg. Methodenlehre der Statistik II
756/756a Kalitsunakis, Gramm. d. Neugriech. Volksspr.
763/763a/763b Meyer, Hebräische Grammatik I
764/764a/764b Meyer, Hebräische Grammatik II
765/765a/765b Meyer, Hebräische Grammatik III
768/768a Bieberbach, Einführung in die konforme Abbildung
769/769a Beer-Meyer, Hebräisches Textbuch
770 Schlingloff, Religion des Buddhismus II
776/776a Kolms, Finanzwissenschaft III
780 Krahe, German. Sprachwiss. II
781 Weigert, Stilkunde II
782/782a Kolms, Finanzwissenschaft IV
786 Schulze, Molekülbau
796/796a Meiners-Wiesenewsky, Elektr. Höchstspannungs-Schaltanlagen
809 Moser, Harmonielehre
826 Koch, Philosophie d. Mittelalters
827/827a/827b Meyer, Elektromotorische Antriebe
831 Erismann, Allg. Psychologie I
832/832a Erismann, Allg. Psychologie II
833 Erismann, Allg. Psychologie III
834/834a Erismann, Allg. Psychologie IV

837/837a Baumgartner, Gruppentheorie
845 Lehmann, Philosophie im ersten Drittel des 20. Jhs. I
847 Herter, Lurche
850 Lehmann, Philosophie im ersten Drittel des 20. Jhs. II
851/851a Moede, Psychologie des Berufs- und Wirtschaftslebens
857 Capelle, Griech. Philosophie I
858 Capelle, Griech. Philos. II
859 Capelle, Griech. Philos. III
862 Großmann, Vermessungskunde III
863 Capelle, Griech. Philos IV
866 Bieler, Röm. Literaturgeschichte II
869 Freye, Vögel
875 Hofmann, Geschichte der Mathematik II
877 Knopp, Aufgabensammlung zur Funktionentheorie I
878 Knopp, Aufgabensammlung zur Funktionentheorie II
881 Humburg, Gleichstrommaschine II
882 Hofmann, Geschichte der Mathematik III
883 Stuloff, Mathematik der neuesten Zeit
893 Treue, Dt. Geschichte von 1806 bis 1890
894 Treue, Dt. Geschichte von 1890 bis zur Gegenwart
896/896a Pokorny, Altirische Gramm.
902 Müller, Dynamik I
903 Müller, Dynamik II
910 Jaeger, Afrika I
911 Jaeger, Afrika II
915 Sperber-Polenz, Gesch. der Deutschen Sprache
917/917a Böhm, Versicherungsmathematik II
920/920a Hoheisel, Gewöhnliche Differentialgleichungen
921 Jantzen-Kolb, W. v. Eschenbach, Parzival
924/924a Brandenstein, Griechische Sprachwissenschaft III
929 Schirmer-Mitzka, Dt. Wortkunde
930 Krull, Elementare und klassische Algebra I
931 Hasse, Höhere Algebra I
932 Hasse, Höhere Algebra II
933 Krull, Elementare und klassische Algebra II
936 Thum-Meysenbug, Werkstoffe d. Maschinenbaues II
942/942a Damerau, Polnische Grammatik
952/952a Schäfer, Transformatoren
953 Zipperer, Techn. Schwingungslehre I
961/961a Zipperer, Techn. Schwingungslehre II
965 Dehnert, Wehr- und Stauanlagen
970/970a Baldus-Löbell, Nichteuklidische Geometrie
972/972a Herter-Urich, Vergleichende Physiologie der Tiere I
973/973a Herter-Birukow, Vergleichende Physiologie der Tiere II
978 Kleinlogel, Baustoffverarbeitung und Baustellenprüfung d. Betons
984 Graf, Baustoffe des Hoch- und Tiefbaus
999/999a Kamke, Mengenlehre
1000 Jaspers, Geist'ge Situat. der Zeit
1003 Hoheisel, Partielle Differentialgleichungen
1008/1008a Mellerowicz, Allgem. Betriebswirtschaftslehre I
1009 Bechert-Gerthsen-Flammersfeld, Atomphysik I
1014/1014a Huttenlocher-Ramdohr, Mineral- und Erzlagerstättenkunde I
1015/1015a Huttenlocher-Ramdohr, Mineral- und Erzlagerstättenkunde II
1017 Döring, Einf. i. d. th. Physik V
1020 Niese-Dienst, Elektrische Schweißverfahren
1031/1031a Apel-Ludz, Philosophisches Wörterbuch
1033 Bechert-Gerthsen-Flammersfeld, Atomphysik II
1034 Kranefeldt-Jung, Therapeutische Psychologie
1035 Altheim, Röm. Religionsgeschichte I
1039/1039a Dovifat, Zeitungslehre I
1040/1040a Dovifat, Zeitungslehre II
1044 Tölke, Talsperren
1045 Schubert, Technik des Klavierspiels
1051/1051a Stolberg-Wernigerode, Gesch. d. Vereinigten Staaten
1052 Altheim, Röm. Religionsgeschichte II

1059/1059a Hoheisel, Aufgabenslg. z. d. gew. u. part. Differentialgleichungen
1061 Grodzinski-Lechner, Getriebelehre I
1062/1062a Grodzinski-Lechner, Getriebelehre II
1065 Haller-Dannenbauer, Von den Karolingern zu den Staufern
1070 Sauter, Differentialgleichungen der Physik
1074 Koschmieder, Variationsrechnung I
1075 Koschmieder, Variationsrechnung II
1076/1076a Endres, Verbrennungsmotoren I
1077 Haller-Dannenbauer, Von den Staufern zu den Habsburgern
1078 Troche, Stahlbetonbau
1082 Hasse-Klobe, Aufgabensammlung zur höheren Algebra
1084/1084a Grigull, Techn. Thermodynamik
1085 Lietzmann-Aland, Zeitrechnung
1086 Müller, Dt. Dichten und Denken
1088 Preller, Gesch. Englands II
1092 Wickop, Fenster, Türen, Tore
1094 Hernried, System Modulation
1096 Viëtor. Dt. Dichten und Denken
1099 Hoheisel, Integralgleichungen
1105 Hartung, Dt. Geschichte im Zeitalter der Reformation
1108 de Boor-Wisniewski, Mittelhochdeutsche Grammatik
1109 Knopp, Elemente der Funktionentheorie
1111/1111a Naumann-Betz, Althochdt. Elementarbuch
1113/1113a Strubecker, Differentialgeometrie I
1114/1114a Schubel, Engl. Literaturgeschichte I
1115/1115a/1115b Ranke-Hofmann, Altnord. Elementarbuch
1116 Schubel, Engl. Literaturgeschichte II
1117 Haller-Dannenbauer, Eintritt der Germanen in die Geschichte
1121 Naumann, Dt. Dichten u. Denken
1122 Jesch, Sprecherziehung
1123/1123a Bechert-Gerthsen-Flammersfeld, Atomphysik III
1124 Schubel, Engl. Literaturgeschichte III
1125 Lehnert, Altengl. Elementarbuch
1127 Hartmann, Geschlecht u. Geschlechtsbestimmung im Tier- und Pflanzenreich
1128 Buchner, Symbiose d. Tiere
1130 Dibelius-Kümmel, Jesus
1131 Scholz-Schoeneberg, Einführung in die Zahlentheorie
1132 Frühauf, Überspannungen
1134 Kuckuck, Pflanzenzüchtung I
1135 Lehnert, Beowulf
1137 Heil, Entwicklungsgesch. d. Pflanzenreiches
1138 Hämmerling, Fortpflanzung im Tier- und Pflanzenreich
1140 Unger, Induktionsmaschinen
1141/1141a Hanke, Hormone
1142 Meissner-Lehnert, Shakespeare
1144 Gehler-Herberg, Festigkeitslehre I
1145/1145a Herberg-Dimitrov, Festigkeitslehre II
1146 Putz, Synchronmaschine
1147 Waltershausen, Kunst d. Dirigierens
1148 Pepping, Der polyphone Satz I
1152 Dehnert, Verkehrswasserbau III
1153/1153a Mellerowicz, Allgem. Betriebswirtschaftslehre II
1154/1154a Mellerowicz, Allgem. Betriebswirtschaftslehre III
1155 Schwartz, Mikrobiologie I
1156/1156a Meinke, Komplexe Berechnungen v. Wechselstromschaltungen
1157 Schwartz, Mikrobiologie II
1158/1158a Mayrhofer, Sanskrit-Grammatik
1159 Jungbluth, Gießereitechnik I
1160 Dibelius-Kümmel, Paulus
1161 Kaestner, Spinnentiere
1162 Seidel, Entwicklungsphysiologie der Tiere I
1163 Seidel, Entwicklungsphysiologie der Tiere II
1164/1164a Pepping, Der polyphone Satz II
1165/1165a Bechert-Gerthsen-Flammersfeld, Atomphysik IV
1169 Paulsen, Allgemeine Volkswirtschaftslehre I
1170/1170a Paulsen, Allgemeine Volkswirtschaftslehre II
1171/1171a Paulsen, Allgemeine Volkswirtschaftslehre III

1172 Paulsen, Allgemeine Volkswirtschaftslehre IV
1173/1173a Hamann-Funke-Nollen, Chemie der Kunststoffe
1176/1176a Lorenzen, Form. Logik
1177/1177a Redeker, Schleiermacher
1178/1178a Kuckuck, Pflanzenzüchtung II
1179/1179a Strubecker, Differentialgeometrie II
1180/1180a Strubecker, Differentialgeometrie III
1181 Franz, Topologie I
1182/1182a Franz, Topologie II
1183/1183a Nicolas, Finanzmathematik
1184/1184a Endres, Verbrennungsmotoren II
1185/1185a Endres, Verbrennungsmotoren III
1186/1186a Mellerowicz, Allgemeine Betriebswirtschaftslehre IV
1187 Lau, Luther
1188/1188a Lehmann, Photogrammetrie
1189/1189a Päsler, Mechanik
1190 Stupperich, Melanchthon
1191/1191a Bräuer, Slav. Sprachwissenschaft I
1192/1192a/1192b Bräuer, Slav. Sprachwissenschaft II
1193 Fürstenberg, Wirtschaftssoziologie
1194/1194a Wendt, Gesch. d. Volkswirtschaftslehre
1195 Ohm, Allgem. Volkswirtschaftspolitik I
1196/1196a Ohm, Allgem. Volkswirtschaftspolitik II
1197/1197a Onasch, Konfessionskunde der orthod. Kirchen
1198 Engel, Straßenverkehrstechnik
1199 Lausberg, Romanische Sprachwissenschaft III, 1. Teil
1200/1200a Lausberg, Romanische Sprachwissenschaft III, 2. Teil
1201/1201a Dehn, Versuche zur allgem. u. phys. Chemie
1202/1202a Nagel, Gesch. des christl. Gottesdienstes
1203 Wendland, Sozialethik
1204 Scheurig, Zeitgeschichte
1205/1205a Hofmann, Ideengeschichte d. soz. Bewegung
1206/1206a Langen, Lineare Programmierung
1208 Lausberg, Romanische Sprachwissenschaft IV
1209/1209a Bock, Therm. Verfahrenstechnik I
1210/1210a Bock, Therm. Verfahrenstechnik II
1211/1211a Bock, Therm. Verfahrenstechnik III
1212/1212a Hilf, Arbeitswissenschaft
1213/1213a Kosiol, Buchhaltung und Bilanz
1214/1214a Kosiol, Kostenrechnung und Betriebsbuchhaltung
1216/1216a Bauer, Wahrscheinlichkeitstheorie
1217/1217a Schubiger, Einf. in die Phonetik
1218/1218a/1218b Meid, German. Sprachwiss. III
1219 Schmidt-Clausing, Zwingli
1220/1220a Zemann, Kristallchemie
1221 Gerdes, Kierkegaard
1222/1222a Tschižewskij, Slav. Literaturen I
1223 Tschižewskij, Slav. Literaturen II
1224/1224a/1224b Wedepohl, Geochemie
1225/1225a Schneider-Jurksch, Datenverarbeitungsanlagen
1226/1226a/1226b Weinstock, Mittelengl. Elementarbuch
1227/1227a Wedig, Übungsaufgaben zu A. Paulsen, Allgem. Volkswirtschaftslehre I/II
1228 Kehrer, Religionssoziologie
1229/1229a Atteslander, Methoden der empirischen Sozialforschung
1230/1230a Marcard-Beyer, Dampfkessel III
1231 Hundhausen, Werbung
1232 Hundhausen, Wirtschaftswerbung
1233 Hundhausen, Public Relations
1234 Hundhausen, Propaganda
1235/1235a Grochla, Betriebsverbindungen
1236/1236a Bräuer, Slav. Sprachwissenschaft III

Autorenregister

FSC
www.fsc.org
MIX
Papier | Fördert gute Waldnutzung
FSC® C083411

Zeitfracht Medien GmbH
Ferdinand-Jühlke-Straße 7
99095 Erfurt, Deutschland
produktsicherheit@kolibri360.de